JÜRGEN HESSE
HANS CHRISTIAN SCHRADER

Hesse/Schrader-Training Schriftliche Bewerbung

ANSCHREIBEN – LEBENSLAUF –
E-MAIL- UND ONLINE-BEWERBUNG

eichborn
berufsstrategie

Liebe Leserin, lieber Leser,

mit diesem Buch erhalten Sie auch eine CD-ROM. Um auf die Inhalte zugreifen zu können, müssen Sie vor dem erstmaligen Gebrauch folgenden Code eingeben:

S1303T

Auf der CD-ROM

- Videos mit persönlichen Tipps von Hesse/Schrader
- über 50 Mustervorlagen als Grundlage für die eigene Bewerbung
- Tests zum Ermitteln der eigenen Stärken

Die Autoren

Jürgen Hesse, Jahrgang 1951, Diplompsychologe
im Büro für Berufsstrategie, Berlin.
Hans Christian Schrader, Jahrgang 1952, Diplompsychologe
in Baden-Württemberg.

Anschrift der Autoren

Hesse/Schrader
Büro für Berufsstrategie
Oranienburger Straße 4–5
10178 Berlin
Tel. 030 288857-0
Fax 030 288857-36
www.berufsstrategie.de

1. Auflage, Oktober 2010

Umschlaggestaltung: Christina Hucke
Layout und Satz: Oliver Schmitt, Mainz
Illustrationen: Stefan Kugel, Frankfurt
Druck und Bindung: Fuldaer Verlagsanstalt, Fulda
ISBN 978-3-8218- 5718-3

Mix
Produktgruppe aus vorbildlich bewirtschafteten Wäldern, kontrollierten Herkünften und Recyclingholz oder -fasern
FSC www.fsc.org Zert.-Nr. SCS-COC-001554
© 1996 Forest Stewardship Council

Eichborn Verlag, Kaiserstraße 66, 60329 Frankfurt am Main
Mehr Informationen zu Büchern und Hörbüchern aus dem Eichborn Verlag finden Sie unter www.eichborn.de

Inhalt

Fast Reader

Die Lektüre dieses Buchs nimmt Ihnen zwar nicht die zeitintensive Aufgabe ab, schriftliche Bewerbungsunterlagen zu erstellen. Als Autoren wollen wir Ihnen aber dabei helfen, Sie durch alle Schwierigkeiten hindurch begleiten und beraten. Wir haben es uns zur Aufgabe gemacht, Ihnen zu Einladungen zum Vorstellungsgespräch zu verhelfen.

Unser beruflicher Hintergrund: Seit über zwanzig Jahren beraten wir in unserem Büro für Berufsstrategie erfolgreich Bewerber. Aus unserer täglichen Berufspraxis wissen wir, worauf es wirklich ankommt und wie man erfolgreich einen neuen Arbeitsplatz erobert.

Der Türöffner zum Vorstellungsgespräch sind die Bewerbungsunterlagen. Diese müssen einen interessanten und kompetenten Eindruck bei den Personalchefs hinterlassen. Wer Neugierde weckt, hat gute Chancen, sich auch persönlich vorstellen zu dürfen.

Das Unternehmen, bei dem Sie sich bewerben, hat die Hoffnung, Sie könnten die anstehenden Probleme besser lösen, die Arbeitsaufgaben effizienter bewältigen als andere Kandidaten.

Wie Sie Ihre Bewerbungsunterlagen optimal erstellen, wollen wir Ihnen zeigen. Dabei gehen wir Schritt für Schritt vor – vom Anschreiben über den sogenannten Lebenslauf bis hin zu den Anlagen. Das Bewerbungsfoto und die Verpackung sollen auch nicht zu kurz kommen. Mithilfe von Beispielen erfolgreich eingesetzter schriftlicher Unterlagen, aber auch Negativbeispielen, können Sie sehen, was gut ankommt und was nicht.

Im Buch stoßen Sie immer wieder auf Praxisbeispiele, Merkblöcke, Lerntests und mögliche Stolperfallen. Lesen Sie diese unbedingt auch, und arbeiten Sie sie durch. Es lohnt sich.

Weitere Beispielbewerbungen und viele zusätzliche Infos zum gesamten Bewerbungsverfahren finden Sie auf der CD-ROM, die diesem Buch beiliegt. Sie können die Mustervorlagen in Ihr Textverarbeitungsprogramm übernehmen und mit Ihren eigenen Daten überschreiben.

Die Vorbereitung

DIE BEWERBUNG IST WERBUNG IN EIGENER SACHE

Wer sich bewirbt, steht vor der nicht ganz leichten Aufgabe, Werbung in eigener Sache machen zu müssen: für die eigene Person und für die dem Arbeitgeber angebotene Dienstleistung. Im Klartext: Es geht jetzt darum, Ihr Know-how, Ihre Arbeitskraft erfolgreich zu »vermarkten«.

- Mit Ihrer schriftlichen Bewerbung geben Sie eine Art Visitenkarte ab, eine allererste Arbeitsprobe. Damit erzeugen Sie beim potenziellen Arbeitgeber einen ersten (hoffentlich positiven) Eindruck. Im Grunde haben Sie es – auch wenn Sie sich als klassischer Arbeitnehmer verstehen – eigentlich wie ein Unternehmer mit »Kunden« zu tun, den »Einkäufern« der von Ihnen angebotenen Arbeitskraft.
- Das Problem ist also: Wie überzeugen Sie den potenziellen »Kunden« (Arbeitsplatzanbieter), sich für die von Ihnen angebotene »Dienstleistung« (Ihre Arbeitskraft, Ihre Fähigkeiten) zu entscheiden (zunächst einmal mit der ersten Konsequenz, Sie zu einem Vorstellungsgespräch einzuladen)?
- Der überzeugend formulierten schriftlichen Selbstdarstellung mittels beeindruckender, (nahezu) perfekt gestalteter Bewerbungsunterlagen kommt dabei eine entscheidende Bedeutung zu. Gute Bewerbungsunterlagen öffnen Ihnen die richtigen Türen zu Vorstellungsgesprächen in genau den Berufsfeldern und Unternehmen, in denen Sie auch wirklich arbeiten wollen.
- Ihr Bewerbungsvorhaben weist Parallelen zu gut gestalteten Werbeprospekten auf, die dem Kunden die Entscheidung leicht machen sollen, sich für den Kauf bestimmter Waren zu entscheiden. Den Vergleich »Werbeprospekt und Bewerbungsunterlagen« werden wir später weiter vertiefen, zunächst aber Folgendes:
- Bei der Erstellung Ihrer schriftlichen Bewerbungsunterlagen steht nicht die »Eroberung« eines Arbeitsplatzes im Vordergrund. Das können auch die besten Papiere nicht leisten, sondern nur Sie selbst in einem Vorstellungsgespräch. Ziel ist also die Einladung zu einem solchen Vorstellungsgespräch. Es bietet Ihnen die Möglichkeit, persönlich aufzutreten und zu überzeugen.
- Ihre Bewerbungsunterlagen sollten also etwas Essenzielles über Sie und Ihre Fähigkeiten, über Ihr Angebot zur Mitarbeit aussagen und dadurch eine Einladung zum Vorstellungsgespräch bewirken. Das ist Sinn und Zweck Ihrer Aktion.

MERKBLOCK

Sich ohne Vorbereitung an die Erstellung der schriftlichen Bewerbungsunterlagen zu machen ist vergleichbar mit dem Versuch, ohne Mehl und Zucker einen Kuchen zu backen ...

WISSEN, WORAUF ES ANKOMMT, DAMIT SIE GUT ANKOMMEN

Die zentrale Frage und Herausforderung zu Beginn Ihrer (schriftlichen) Bewerbungsaktivitäten lautet: Was ist Ihre »Botschaft« und wie gelingt es Ihnen, diese optimal »rüberzubringen«?

Wir haben es mit einer Werbeaktion in eigener Sache zu tun. Daher ist es nicht nur gerechtfertigt, sondern auch hilfreich, sich zu verdeutlichen, dass Sie mit Ihren schriftlichen Bewerbungsunterlagen eine Art »Verkaufsprospekt« herstellen. Dieser besteht üblicherweise aus mehreren Unterlagen:

- Bewerbungsanschreiben
- Lebenslauf
- Foto
- Arbeits- und Zeugniskopien

Weitere Anlagen können sein:

- Zertifikate über besondere Fortbildungen, Kurse usw.
- evtl. eine Handschriftenprobe
- in seltenen Fällen Referenzen/Empfehlungen oder gar das polizeiliche Führungszeugnis.

Bevor Sie sich der Aufgabe widmen, eine Botschaft in eigener Sache zu entwickeln (s. Seite 40 ff.), sollten Sie sich vorbereiten. Sie müssen verstehen, worauf es ankommt, wie die Spielregeln lauten. Studieren, recherchieren, probieren – und handeln. Sie sind bereits mittendrin und lernen in Crashkurs-Manier die wichtigsten Grundlagen, die entscheidenden Weichensteller kennen.

Zum Einstieg zeigen wir Ihnen einige Beispielbewerbungen. Erkennen Sie den Unterschied?

PRAXISBEISPIEL

Was bin ich für ein Esel gewesen

Lange Zeit habe ich mich immer gewundert, warum meine schönen Bewerbungsunterlagen mir so wenige Einladungen zum Vorstellungsgespräch eingebracht haben. Auf wirklich sorgfältig ausgewählte Stellenausschreibungen, zu denen meine Qualifikationen bestens passten, erhielt ich lediglich bei etwa jeder zehnten Bewerbung einen Anruf und im Verlauf ein Telefoninterview und noch seltener direkt eine Einladung zum Vorstellungsgespräch. Bis … ja bis ein Profi sich meiner Unterlagen annahm und mir aufzeigen konnte, dass allein im Anschreiben drei große Flüchtigkeitsfehler waren und selbst im Lebenslauf sich weitere zwei versteckten. Als der Schaden behoben war, bekam ich auf vier Aussendungen eine direkte Einladung und zwei Telefoninterviews, auf die dann eine weitere Einladung zu einem persönlichen Gespräch folgte. Hatte ich zuvor ein gutes Dreivierteljahr ohne Erfolg herumlaboriert, fand ich innerhalb von weniger als drei Monaten einen neuen Superjob.

FEHLER

Die 8 häufigsten Fehler bei der schriftlichen Bewerbung

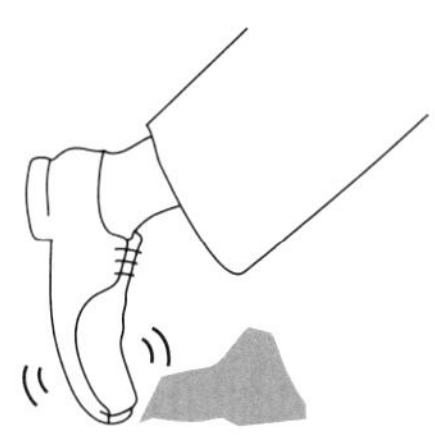

- Mangelndes Bewusstsein, worauf es bei der schriftlichen Bewerbung wirklich ankommt
- Gravierende Versäumnisse bei der gezielten Vorbereitung auf die schriftliche Bewerbungssituation
- Fehlerhaftes Wissen um die Bedeutung von Anschreiben, Lebenslauf, Zeugnissen und anderen Anlagen
- Die eigenen Potenziale weder wirklich zu kennen, noch gezielt vermitteln zu können
- Keine persönliche Botschaft für den Empfänger durchdacht und aufbereitet zu haben
- Keine oder mangelhafte Vorbereitung im Sinne einer gezielten Recherche
- Den eigenen Marktwert (Stichwort Gehalt) nicht zu kennen
- Sich gar nicht erst schriftlich zu bewerben, sei es aus Unkenntnis, Unsicherheit oder Bequemlichkeit

ROSEMARIE REUTER
TORGAUER STR. 50
80993 MÜNCHEN
TELEFON/FAX: 089 25634580

Kemper & Söhne GmbH
Personalabteilung
Herrn J. Kemper
Kuckuckweg 69
86169 Augsburg

15.02.10

Ihre Anzeige in der Süddeutschen Zeitung vom 14.02.10

Sehr geehrte Damen und Herren!

Hiermit beziehe ich mich auf die o. g. Stellenanzeige und übersende Ihnen meine Bewerbungsunterlagen. Ich glaube, dass ich gut Ihr Team mit meiner Person bereichern werde, und möchte gerne für Sie arbeiten.

Ich denke an eine Position mit beruflicher Verantwortung, in der ich meine Kenntnisse voll nutzen und weitere Erfahrungen sammeln kann.

Ich bin ausgebildete Industriekauffrau und habe mich im Bereich Informationsmanagement weitergebildet. Langjährige umfassende Erfahrungen in Büro-Administration und selbstständiger Sachbearbeitung in der Chemiebranche ergänzen mein Profil.

Zurzeit bin ich in einer vom Arbeitsamt geförderten EDV-Fortbildungsmaßnahme. Deshalb könnte ich Ihnen sehr kurzfristig zur Verfügung stehen. Weitere Details zu meinem Werdegang und meiner Person können Sie auch den beigefügten Unterlagen entnehmen.

In einem persönlichen Gespräch würde ich Sie gern davon überzeugen, dass ich vielseitig und aktiv tätig sein kann, um Ihr Unternehmen mit meiner Person zu bereichern.
Ich verbleibe

hochachtungsvoll

Rosemarie Reuter

PS: In der letzten Februarwoche bin ich für zehn Tage verreist, höre aber regelmäßig meinen Anrufbeantworter ab, sodass mich Ihre Nachricht sicherlich erreichen wird.

Anlagen

Rosemarie Reuter / 1., schlechte Version / Anschreiben **(Kommentar auf Seite 14)**

Lebenslauf

Persönliche Daten

Name	Rosemarie Reuter
Anschrift	Torgauer Str. 50 80993 München Telefon/Fax: 089 25634580
Geburtsdatum	27.09.1968
Familienstand	ledig, keine Kinder

Schulbildung

1974 – 1984	Haupt- und Handelsschule Hamburg
1984 – 1988	Ausbildung zur Industriekauffrau Hamburg
1989 – 1992	Staatliches Abendgymnasium Hamburg Abschluss: Abitur

Beruflicher Werdegang

1988 – 1992	Industriekauffrau Hamburg
10/1992 – 06/1997	Chefsekretärin Chemie AG München
07/1997 – 03/2000	Informationsmanagement Pharma Grün München
Seit 04/2002	Informationsmanagement Altvater Chemie-Werke AG München

Weiterbildung

04/2000 – 03/2002	Ausbildung als staatl. geprüfte Dokumentarin Anerkennungsjahr Institut für Dokumentation München
Seit 01/2010	Weiterbildung EDV Arbeitsamt München

München, den 15. Februar 2010

Rosemarie Reuter / 1., schlechte Version / Lebenslauf (Kommentar auf Seite 14)

ROSEMARIE REUTER

Torgauer Str. 50
80993 München
Tel./Fax: 089 25634580

Kemper & Söhne GmbH
Personalabteilung
Herrn J. Kemper
Kuckuckweg 69
86169 Augsburg

15.02.10

Ihre Anzeige in der Süddeutschen Zeitung vom 14.02.2010
Sachbearbeiterin

Sehr geehrter Herr Kemper,

in der o.a. Anzeige beschreiben Sie einen Arbeitsbereich, der mich in höchstem Maße interessiert und auch meinen Fähigkeiten und Neigungen voll entspricht.

Kurz zu meiner Person:
Ich bin ausgebildete Industriekauffrau und habe mich im Bereich Informationsmanagement erfolgreich weitergebildet. Langjährige umfassende Erfahrungen in Büro-Administration und anspruchsvoller, selbstständiger Sachbearbeitung in der Chemiebranche ergänzen mein Tätigkeitsprofil.

Aktuell befinde ich mich in einer EDV-Fortbildungsmaßnahme und könnte Ihnen deshalb auch sehr kurzfristig zur Verfügung stehen.

Über eine Einladung zum Vorstellungsgespräch freue ich mich
und verbleibe

mit freundlichen Grüßen aus München

Rosemarie Reuter

PS: Ich würde mich sehr freuen, von Ihnen noch vor dem 23.02. zu hören, da ich dann beabsichtige, für etwa zehn Tage zu verreisen. Herzlichen Dank.

Anlagen

Rosemarie Reuter / 2. Version / Anschreiben **(Kommentar auf Seite 14)**

ROSEMARIE REUTER
Torgauer Str. 50
80993 München

Tel./Fax: 089 25634580

Bewerbung als
Sachbearbeiterin bei der

KEMPER & SÖHNE GMBH

Rosemarie Reuter / 2. Version / Deckblatt (Kommentar auf Seite 14)

ROSEMARIE REUTER

geboren 27.09.1968 in Hamburg

ledig, keine Kinder

angestrebte Tätigkeit: Sachbearbeiterin

BERUFSERFAHRUNG

04/2002 – 12/2009	**Altvater Chemie-Werke AG** **München** Position: Informationsmanagement Literaturrecherchen, Datenbankarbeit, Öffentlichkeitsarbeit
04/2000 – 03/2002	**Institut für Dokumentation** **München** Ausbildung u. Anerkennungsjahr als staatl. geprüfte Dokumentarin Schulung in Informationsmanagement, EDV u. Wirtschaftsenglisch
07/1997 – 03/2000	**Pharma Grün** **München** Position: Informationsmanagement Informationsplanung, Organisation, Fachkorrespondenz Erstellung von Werbemitteln
10/1992 – 06/1997	**Chemie AG** **München** Position: Chefsekretärin
1988 – 1992	**Industriekauffrau** **Hamburg**

SCHUL- UND BERUFSAUSBILDUNG

1989 – 1992	**Staatliches Abendgymnasium** **Hamburg** Abschluss: Abitur
1984 – 1988	**Ausbildung zur Industriekauffrau** **Hamburg**
1974 – 1984	**Haupt- und Handelsschule** **Hamburg**

Rosemarie Reuter / 2. Version / Lebenslauf (Kommentar auf Seite 14)

Sprachkenntnisse

sehr gute Englischkenntnisse in Wort und Schrift
gute Orthografie-, Interpunktions- und Grammatikkenntnisse der deutschen Sprache
Korrespondenzerfahrung

EDV-Erfahrung

MS Office Professional mit Textverarbeitung, Tabellenkalkulation und Datenbankprogramm,
aktuelle Fortbildung EDV beim Arbeitsamt München seit 01/2010

Kurzschrift

gute Stenografiekenntnisse und schreibtechnische Fertigkeiten

Führerschein

Klasse B

Engagement

Mitglied im Naturwissenschaftlichen Verein Berlin

Interessen

Wandern, Literatur des Bethel-Kreises

ZU MEINER PERSON

Mein Lebenslauf steht für kontinuierliche Weiterbildung, Leistungsbereitschaft und Lernfähigkeit. Das Abitur am Abendgymnasium und die Qualifizierung zur Dokumentarin belegen das.

Ich verfüge über fundierte Erfahrungen in den Bereichen Organisation und Administration. Zu betonen sind meine guten Sprachkenntnisse und deren Anwendungssicherheit.

Die Arbeit hat in meinem Leben, da ich Single bin, einen besonderen Stellenwert, sodass konkrete berufliche Ziele für mich eine wichtige Rolle spielen. Ich würde mich sehr gern mit vollem Engagement der von Ihnen beschriebenen Aufgabe widmen.

München, 15. Februar 2010

Rosemarie Reuter

Rosemarie Reuter / 2. Version / Lebenslauf (Kommentar auf Seite 14)

ZU DEN UNTERLAGEN VON ROSEMARIE REUTER

1. Version

Wie schlicht dieses erste **Anschreiben** und der einseitige **Lebenslauf** sind, erschließt sich nicht erst, wenn man beide mit der 2. Version verglichen hat. Trotzdem: Die Anrede »Sehr geehrte Damen und Herren« ist ein schlimmer Fehler, insbesondere dann, wenn offensichtlich ein Ansprechpartner bekannt ist (Herr Kemper). Aber auch die langweilige Standarderöffnung (»Hiermit bewerbe ich mich ...«) ist nicht empfehlenswert.

»Ich glaube ...«, »Ich denke ...«, »Ich bin ...« sind Satzanfänge, die in dieser Form ein weiteres Lesen kaum wahrscheinlich werden lassen. Die Stilblüte zum Abschluss (»... mit meiner Person bereichern«) wird nur noch durch das altmodische »Hochachtungsvoll« getoppt. Aber auch die maschinenschriftliche Wiederholung des Namens sowie das »PS« sind gute Beispiele, wie man es *nicht* machen sollte. Unterschreiben Sie stets so, dass man Ihre Unterschrift entziffern kann. Und wenn Sie ein »PS« verwenden, dann schreiben Sie hier etwas Wichtiges, das für Sie spricht.

Der kurze einseitige **Lebenslauf** mit dem viel zu kleinen **Foto** löst keine Neugier auf die Bewerberin aus. Die Form ist einfach zu schlicht, zu langweilig. Hinzu kommt die Frage, was die Kandidatin aktuell eigentlich macht. Sie suggeriert, noch beschäftigt zu sein, und provoziert gleichzeitig deutliche Nachfragen. Dabei sollte ziemlich schnell der aktuelle Status herauskommen, und der so fragende Personalentscheider wird sich wie ein Detektiv fühlen, womöglich mit der sehr wahrscheinlichen Konsequenz für Frau Reuter, sie abzulehnen. Auch die Formulierung »München, den 15. Februar 2010« schreibt man so nicht und vergisst auch nicht zu unterschreiben. Aber aus Fehlern lernen wir. Alles in allem: Der Misserfolg dieser Bewerbung ist garantiert.

2. Version

Ein angenehm kurzes **Anschreiben** verdeutlicht, dass die Bewerberin sich auf eine Anzeige meldet, ohne vorab telefoniert zu haben (leider!). Da sie der Anzeige aber den Namen entnehmen konnte, ist eine direkte Ansprache trotzdem möglich. Die Kandidatin stellt sich kurz vor und schließt selbstbewusst (ohne Konjunktiv) mit der Formulierung »... über eine Einladung freue ich mich«. Insgesamt ein gut und ansprechend gestaltetes Anschreiben, das bestimmt positive Aufmerksamkeit weckt. Die gewählte Präsentationsform löst bestimmt Interesse aus. Obwohl sich die Kandidatin offensichtlich aus der Arbeitslosigkeit (bzw. Fortbildung) heraus bewirbt, hat sie eine interessante Vortragsform gefunden und umgeht auf den nachfolgenden Seiten dieses problematische Thema recht elegant.

Die grafische Gestaltung (**Deckblatt** als konsequente Fortsetzung des Briefkopfes) ist auf den folgenden Seiten sehr ansprechend gewählt, einfallsreich und gleichzeitig übersichtlich. Das fast quadratische Fotoformat ist ein echter »Hingucker«. Jetzt sehen wir mehr und das **Foto** (mit Hintergrund Türrahmen) beschäftigt den Betrachter schon etwas länger. Die gezeigte Körperhaltung strahlt Kraft und Energie aus.

Beachten Sie auch, dass der Kopf ein wenig »angeschnitten« ist. Wir haben hier noch eine Alternative. Welche bevorzugen Sie?

Alternativbild zu den Bewerbungsunterlagen von Rosemarie Reuter. Vergleichen Sie dazu die Bewerbungsfotos auf ▶ Seite 9 und ▶ Seite 11.

Die für die **berufliche Entwicklung** gewählte knappe Präsentationsform kommt ohne die traditionelle Überschrift »Lebenslauf« aus (bravo!) und beinhaltet ein gutes Maß an Information. Die Themenabfolge »Berufserfahrung« – »Schul- und Berufsausbildung« ist sofort überzeugend. Die besonderen Kenntnisse und Fähigkeiten werden vielleicht sogar einen Tick zu massiv dargestellt bzw. wiederholt. Die Abschnitte »Engagement« und »Interessen« führen sicherlich zu Nachfragen, und das unten angefügte Statement ist nicht nur außergewöhnlich, sondern auch ein guter Grund für eine Einladung. Natürlich fehlen nur hier im Buch aus Platzgründen die Anlagen und das sinnvolle Anlagenverzeichnis.

Einschätzung: Ein sehr gutes Auftaktbeispiel.

Selbstreflexion

Wir alle kennen das Phänomen: Für eine fremde Sache oder andere Personen können wir uns viel besser engagieren; es gelingt uns häufig, die Interessen anderer viel erfolgreicher zu vertreten als unsere eigenen Belange. Erwiesenermaßen versagen oft auch erfolgreiche Top-Führungskräfte, wenn es darum geht, die eigenen Qualitäten und Leistungen in der Prüfungssituation Bewerbung prägnant auf den Punkt zu bringen und überzeu- gend darzustellen.

Es ist daher gerade im Bewerbungsprozess wichtig, sich über die eigene Situation – persönlich wie beruflich – klar zu werden und die eigenen Stärken und Fähigkeiten herauszuarbeiten.

Die folgenden Fragen werden Ihnen bei der Selbstreflexion helfen. Beantworten Sie die Fragen bitte schriftlich. Versuchen Sie, aus den Antworten zu jeder einzelnen Frage Schlüsselworte zu entwickeln, die Ihre Situation treffen.

Zur persönlichen Situation

- Was haben Sie bisher in Ihrem Leben erreicht?
- Was haben Sie bisher trotz guter Vorsätze nicht erreicht und warum nicht?
- Was missfällt Ihnen an Ihrer jetzigen persönlichen Situation?
- Was möchten Sie an Ihrer jetzigen persönlichen Situation am schnellsten ändern, und was kann noch warten?
- Wie sieht Ihre Partner- bzw. Familiensituation aus?
- Wer fördert oder behindert Sie in Ihrer persönlichen Entwicklung?
- Welchen Einfluss auf Ihre persönlichen Zielvorstellungen und Entscheidungen haben Ihr(e) Partner(in), Ihre Kinder, Freunde und andere Bezugspersonen?
- Welche Ihrer persönlichen Eigenschaften und Fähigkeiten sind für Ihre Mitmenschen besonders wertvoll und wichtig?
- Welchen Einfluss hätte Ihre angestrebte Berufstätigkeit vermutlich auf Ihr Privatleben, und welchen Einfluss hat Ihr Privatleben umgekehrt auf Ihren Beruf?
- Welche persönlichen Gründe sprechen gegen einen Arbeitsplatz-, Branchen- oder Berufswechsel?
- Welche persönlichen Gründe sprechen gegen einen Ortswechsel?
- Fühlen Sie sich einer deutlichen Veränderung Ihres Lebensumfeldes gewachsen?

Zur beruflichen Situation

- Was haben Sie bisher beruflich erreicht?
- Was haben Sie bisher trotz aller Vorsätze beruflich nicht erreicht? Woran lag das?
- Wie entsteht bei Ihnen berufliche Zufriedenheit oder Unzufriedenheit?
- Was missfällt Ihnen an Ihrer jetzigen beruflichen Situation?
- Was möchten Sie an Ihrer jetzigen beruflichen Situation am schnellsten ändern? Was kann noch warten?
- Welche Ihrer beruflichen Kenntnisse und Fähigkeiten sind für Ihren zukünftigen Arbeitgeber und Ihre Kollegen besonders wertvoll und wichtig?
- Fühlen Sie sich in beruflicher Hinsicht zurzeit eher über- oder unterfordert?
- Welche Gründe gibt es dafür?
- Wie kommen Sie mit Ihren Vorgesetzten und Kollegen aus?
- Welche beruflichen Förderer haben Sie? Wer legt Ihnen Steine in den Weg?
- Welche Position streben Sie an?

- Wie viel wollen Sie verdienen?
- Welche Chancen für Entwicklung und Aufstieg haben Sie an Ihrem jetzigen Arbeitsplatz?
- Wie sind die generellen Zukunftsaussichten an Ihrem Arbeitsplatz (in Ihrer Branche, in Ihrem Beruf)?
- Welche beruflichen Schwierigkeiten sehen Sie in der Zukunft für sich?
- Sind Sie mit den Leistungen (Bezahlung, Sozialleistungen, Extras) Ihres jetzigen Arbeitgebers zufrieden?
- Welchen Einfluss auf Ihre beruflichen Zielvorstellungen und Entscheidungen haben Ihr(e) Partner(in), Ihre Kinder, Freunde und andere Bezugspersonen?
- Welche Gründe sprechen für einen beruflich begründeten Ortswechsel?
- Sind Sie flexibel?
- Trauen Sie sich zu, eine völlig neue berufliche Aufgabe zu übernehmen?

Es steht außer Zweifel: Jeder Mensch besitzt im persönlichen wie im beruflichen Bereich Qualitäten. Die Frage ist nur, ob Sie diese wirklich kennen und in der schriftlichen Bewerbung angemessen darstellen können, sodass Ihr Gegenüber, der Leser Ihrer Bewerbungsunterlagen, Interesse an Ihrer Person bekommt und den Wunsch hat, Sie persönlich kennenzulernen.

Sie kommen also höchstwahrscheinlich nicht darum herum, eine neue Form der Selbstdarstellung zu erlernen. Für die Bewerbungssituation – ob als Berufseinsteiger oder beim Arbeitsplatzwechsel – gelten spezielle Spielregeln und Kommunikationsformen. Gerade in dieser Situation ist es jetzt besonders notwendig, sich selbst gut zu managen, sich erfolgreich zu vermarkten.

Aus der Welt der Werbung kennen wir dafür die Bezeichnung »USP«. Sie steht für *unique selling proposition* und bedeutet in der Übersetzung ungefähr: besonderes Verkaufsmerkmal. Sie wissen: Es gibt jede Menge Erfrischungsgetränke. Dazu zählen auch koffeinhaltige Limonaden. Bei einer speziellen Marke geht es aber um viel mehr. Es geht um eine Art Lifestyle, eine Ideologie, ein nationenübergreifendes Gefühl. Wir meinen – Sie wissen es längst – Coca-Cola. Neben Geschmack, Aussehen und den typisch durstlöschenden Eigenschaften hat dieses Produkt noch etwas mehr zu bieten. Und das macht für den Käufer den besonderen Nutzen aus. Das eben ist der USP, das Unterscheidungsmerkmal gegenüber anderen ähnlichen Getränken.

Unten und auf der nächsten Seite sehen Sie eine Einschätzungsliste wichtiger Fach- und Persönlichkeitsmerkmale. Was fällt Ihnen zu einzelnen Merkmalen, was zu den Merkmalsgruppen insgesamt ein? Wo liegen Ihre Stärken, wo Ihre Schwächen? Welche Botschaft lässt sich aus Ihren positiven Fähigkeiten für Ihren »Kunden«, den potenziellen Arbeitgeber, formulieren? Mit welchen Defiziten müssen Sie sich ernsthaft auseinandersetzen, wenn Sie Ihre Dienstleistung erfolgreich vermarkten wollen? Welche Schwächen können Sie getrost vernachlässigen?

In einem zweiten Schritt sollten Sie dann mit einem farbigen Stift jeweils die Qualifikationsmerkmale markieren, von denen Sie glauben, dass sie von Arbeitgebern Ihres Wunschbereichs erwartet und für wichtig gehalten werden. Der Vergleich dieser beiden Profile (Selbstbild vs. imaginäres Idealbild) zeigt Ihnen den Unterschied zwischen Wunsch und Wirklichkeit. Verbinden Sie die Markierungen zur besseren Anschaulichkeit mit einer Linie und denken Sie darüber nach, was Ihnen das Ergebnis sagen könnte.

Die folgende Selbstbeurteilungsskala wird Ihnen dabei helfen, Ihren persönlichen Standort etwas detaillierter zu bestimmen. Sie finden eine umfangreiche Liste von Kompetenzmerkmalen. Wie schätzen Sie sich selbst bezüglich der aufgeführten Fähigkeiten ein? Es geht zunächst allein um Ihre persönliche Einschätzung.

+3 = sehr stark ausgeprägt
+2 = deutlich ausgeprägt
+1 = ausgeprägt
0 = teils/teils
–1 = weniger ausgeprägt
–2 = schwach ausgeprägt
–3 = sehr schwach ausgeprägt

Persönlichkeit / Kommunikationsfähigkeit / soziale Kompetenz

Sensibilität	**+3 +2 +1 0 –1 –2 –3**
Fähigkeit zum Zuhören	**+3 +2 +1 0 –1 –2 –3**
Kontaktfähigkeit	**+3 +2 +1 0 –1 –2 –3**
Aufgeschlossenheit	**+3 +2 +1 0 –1 –2 –3**
Teamorientierung	**+3 +2 +1 0 –1 –2 –3**
Kooperationsfähigkeit	**+3 +2 +1 0 –1 –2 –3**
Anpassungsfähigkeit	**+3 +2 +1 0 –1 –2 –3**
Kompromissbereitschaft	**+3 +2 +1 0 –1 –2 –3**
Diplomatie	**+3 +2 +1 0 –1 –2 –3**
Verhandlungsgeschick	**+3 +2 +1 0 –1 –2 –3**
Integrationsvermögen	**+3 +2 +1 0 –1 –2 –3**
Überzeugungspotenzial	**+3 +2 +1 0 –1 –2 –3**

Begeisterungsfähigkeit	+3 +2 +1 0 –1 –2 –3
Durchsetzungsfähigkeit	+3 +2 +1 0 –1 –2 –3
Motivationsfähigkeit	+3 +2 +1 0 –1 –2 –3
Sprachliches Ausdrucksvermögen	+3 +2 +1 0 –1 –2 –3
Schriftliches Ausdrucksvermögen	+3 +2 +1 0 –1 –2 –3
Rhetorische Fähigkeiten	+3 +2 +1 0 –1 –2 –3
Teamfähigkeit	+3 +2 +1 0 –1 –2 –3
Anpassungsbereitschaft	+3 +2 +1 0 –1 –2 –3
Soziale Kompetenz	+3 +2 +1 0 –1 –2 –3
Kommunikationsfähigkeit	+3 +2 +1 0 –1 –2 –3

Selbstständigkeit

Zielstrebigkeit	+3 +2 +1 0 –1 –2 –3
Selbstbewusstsein	+3 +2 +1 0 –1 –2 –3
Verantwortungsbewusstsein	+3 +2 +1 0 –1 –2 –3
Kritikfähigkeit	+3 +2 +1 0 –1 –2 –3
Selbstbeherrschung	+3 +2 +1 0 –1 –2 –3
Zuverlässigkeit	+3 +2 +1 0 –1 –2 –3
Toleranzfähigkeit	+3 +2 +1 0 –1 –2 –3
Unerschrockenheit	+3 +2 +1 0 –1 –2 –3
Bereitschaft, Verantwortung zu übernehmen	+3 +2 +1 0 –1 –2 –3

Entscheidungsverhalten

Risikobereitschaft	+3 +2 +1 0 –1 –2 –3
Entscheidungsfähigkeit	+3 +2 +1 0 –1 –2 –3
Sicherheitsdenken	+3 +2 +1 0 –1 –2 –3
Delegationsbereitschaft	+3 +2 +1 0 –1 –2 –3
Delegationsfähigkeit	+3 +2 +1 0 –1 –2 –3
Belastbarkeit	+3 +2 +1 0 –1 –2 –3
Stresstoleranz	+3 +2 +1 0 –1 –2 –3
Lebensfreude	+3 +2 +1 0 –1 –2 –3
Flexibilität	+3 +2 +1 0 –1 –2 –3
Repräsentationsvermögen	+3 +2 +1 0 –1 –2 –3

Leistungsmotivation

Arbeitsmotivation/-wille	+3 +2 +1 0 –1 –2 –3
Tatkraft	+3 +2 +1 0 –1 –2 –3
Führungsmotivation/-wille/-fähigkeit	+3 +2 +1 0 –1 –2 –3
Eigeninitiative	+3 +2 +1 0 –1 –2 –3
Autonomie	+3 +2 +1 0 –1 –2 –3
Durchsetzungsvermögen	+3 +2 +1 0 –1 –2 –3
Selbstvertrauen	+3 +2 +1 0 –1 –2 –3
Ehrgeiz	+3 +2 +1 0 –1 –2 –3
Zielstrebigkeit	+3 +2 +1 0 –1 –2 –3
Durchhaltevermögen	+3 +2 +1 0 –1 –2 –3
Durchsetzungsvermögen	+3 +2 +1 0 –1 –2 –3
Frustrationstoleranz	+3 +2 +1 0 –1 –2 –3
Erfolgsorientierung	+3 +2 +1 0 –1 –2 –3
Vitalität	+3 +2 +1 0 –1 –2 –3
Leistungsbereitschaft	+3 +2 +1 0 –1 –2 –3

Idealismus	+3 +2 +1 0 –1 –2 –3
Identifikationsbereitschaft mit Unternehmen/Institution	+3 +2 +1 0 –1 –2 –3

Fähigkeit zur Selbstkontrolle / Aktivitätspotenzial

Autonomie	+3 +2 +1 0 –1 –2 –3
Selbstständigkeit	+3 +2 +1 0 –1 –2 –3
Verantwortungsbewusstsein	+3 +2 +1 0 –1 –2 –3
Zuverlässigkeit	+3 +2 +1 0 –1 –2 –3
Selbstdisziplin	+3 +2 +1 0 –1 –2 –3
Stresstoleranz	+3 +2 +1 0 –1 –2 –3
Ausdauer	+3 +2 +1 0 –1 –2 –3
Belastbarkeit	+3 +2 +1 0 –1 –2 –3
Geduld	+3 +2 +1 0 –1 –2 –3
Pflichtbewusstsein	+3 +2 +1 0 –1 –2 –3
Loyalität	+3 +2 +1 0 –1 –2 –3

Systematisch-zielorientiertes Denken und Handeln

Analytisches Denken	+3 +2 +1 0 –1 –2 –3
Konzeptionelles Planen	+3 +2 +1 0 –1 –2 –3
Planvolles Vorgehen	+3 +2 +1 0 –1 –2 –3
Kombinatorisches Denken	+3 +2 +1 0 –1 –2 –3
Effiziente Arbeitsorganisation	+3 +2 +1 0 –1 –2 –3
Entscheidungsvermögen	+3 +2 +1 0 –1 –2 –3

Allgemeine Merkmale

Kosten-Nutzen-Bewusstsein	+3 +2 +1 0 –1 –2 –3
Unternehmerisches Denken	+3 +2 +1 0 –1 –2 –3
Systematische Arbeitsorganisation	+3 +2 +1 0 –1 –2 –3
Zieldefinitionsfähigkeit	+3 +2 +1 0 –1 –2 –3
Arbeitseffizienz	+3 +2 +1 0 –1 –2 –3
Gesunder Materialismus	+3 +2 +1 0 –1 –2 –3
Physische Fitness	+3 +2 +1 0 –1 –2 –3
Gesundheitliches Wohlbefinden	+3 +2 +1 0 –1 –2 –3
Psychische Konstitution	+3 +2 +1 0 –1 –2 –3
Selbstkontrollfähigkeiten	+3 +2 +1 0 –1 –2 –3

LERNTEST

1. Lerntest: Bringen Sie die folgenden Antworten in die richtige Reihenfolge! Das Allerwichtigste zuerst ...

Worauf kommt es in einer Bewerbungssituation hauptsächlich an?

a) auf Ihr Äußeres
b) auf Ihre Qualifikationen
c) auf Ihre Erfahrungen
d) auf Ihr Selbstvertrauen
e) auf Ihre Unterstützer

Die richtige Lösung finden Sie im nächsten Lerntest auf Seite 39.

IRRTÜMER

Die 8 größten Irrtümer beim schriftlichen Bewerben

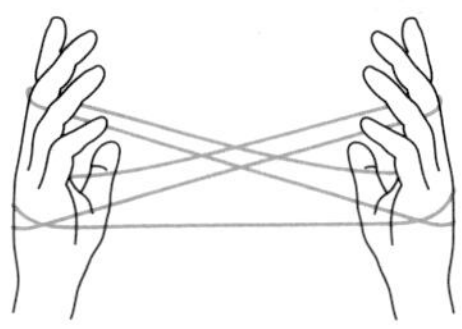

- Man habe es immer mit Auswahl-Profis zu tun, die ganz genau wüssten, was sie wollen
- Der Empfänger der Bewerbungsunterlagen werde sich damit intensiv beschäftigen und diese genau lesen
- Nur die besten Bewerber hätten eine Chance, eingeladen zu werden
- Arbeitgeber sowie Personaler wüssten, wie man Bewerber professionell auswählt
- In der Anzeige (egal ob Print- oder E-Medien) sei das, was dort steht, auch wirklich genau so gemeint
- Wenn man Fragen zur ausgeschriebenen Position habe, dürfe man die nicht vorab stellen
- Nach dem Absenden der Bewerbungsunterlagen könne man nichts mehr machen, um seine Chancen zu verbessern
- Man bekomme eine ehrliche Antwort auf die Frage, warum man nicht eingeladen wurde

Welche Fähigkeiten sind bei Ihnen besonders ausgeprägt? Und welche Ihrer Fähigkeiten machen Ihnen besondere Freude? Wenn Sie diese Fragen nicht beantworten können, hilft Ihnen vielleicht die folgende Liste von Verben, Ihre Begabungen zu beschreiben. Unterstreichen Sie zunächst die Wörter, die Ihre Stärken bezeichnen. Fügen Sie weitere Fähigkeiten hinzu, die Ihrer Meinung nach in der Liste fehlen. Überlegen Sie dann, in welchen Berufen diese Fähigkeiten gebraucht werden. Hüten Sie sich davor, aus Ihren Talenten gleich auf eine bestimmte Berufsrichtung zu schließen, denn Talente können in vielen verschiedenen Berufen eingesetzt werden. Halten Sie sich zunächst noch alle Türen offen.

analysieren anbieten anbringen anleiten
annähern anpassen anpreisen anregen anwerben
arrangieren auflösen aufnehmen aufstellen
aufwerten ausdehnen ausdrücken ausgraben
ausstellen auswählen bauen beantworten bedienen
beeinflussen befragen begreifen behandeln
bekommen beliefern benutzen beobachten beraten
berichten beschützen bestellen betreuen bewerten
beziehen darstellen definieren dekorieren
diagnostizieren dienen drucken einführen einordnen
einschätzen einsetzen einspringen empfangen
empfehlen entdecken entscheiden entwickeln
erfinden erforschen erhalten erinnern erklären
erstellen erneuern erreichen erschaffen erwerben
erzählen fahren festigen feststellen finanzieren
folgen formen formulieren fotografieren fühlen
führen geben gebrauchen gestalten gewinnen
großziehen gründen halten heben helfen
herausgeben herausfinden herausziehen
herstellen hervorheben identifizieren illustrieren
improvisieren informieren inspizieren integrieren
interviewen kochen komponieren kommunizieren
kontrollieren koordinieren kritisieren lehren leiten
lernen lesen liefern lösen malen manipulieren
meistern motivieren nachforschen nähen nehmen
organisieren planen programmieren publizieren
rechnen reden rehabilitieren reisen reparieren
restaurieren richten riskieren sammeln schreiben
singen sortieren spielen sprechen steuern
systematisieren tanzen teilen testen trainieren
treffen trennen überblicken übergeben überprüfen
übersetzen überwachen überzeugen umschreiben
unterhalten unternehmen unterrichten unterstützen
verantworten verarbeiten verbalisieren verbessern
verbinden vereinen vergrößern verhandeln
verkaufen verkleinern versammeln verschreiben
versöhnen versorgen verstärken verstehen
vertreiben vertreten vervollständigen verweisen
visualisieren voraussagen vorbereiten vorführen
vorstellen vorwegnehmen wiederfinden wiegen
zeichnen zeigen züchten zuhören zusammenbauen
zusammenfassen

Sie haben jetzt erarbeitet, wo Ihre Stärken liegen. Sie haben sich vergegenwärtigt, welches Ihre Interessen sind, was Sie besonders gerne machen. Diese Erkenntnis hilft Ihnen sowohl bei der Berufswahl als auch bei der Wahl des richtigen Unternehmens. Mit Ihrem persönlichen Profil können Sie bei der Jobsuche zielgerichtet vorgehen.

Vor einer Bewerbung sollten Sie sich gründlich über die Unternehmen informieren, die infrage kommen. Finden Sie heraus, welche Aufgaben und Projekte im Mittelpunkt stehen, welche Bedürfnisse, Probleme und Herausforderungen damit verbunden sind. Welche Ziele werden verfolgt? Welche Hindernisse sind zu überwinden? Überlegen Sie sich dann, wie Sie bei der Verwirklichung der Unternehmensziele mithelfen können. Schließlich wollen Sie in Ihren Bewerbungsunterlagen und im Vorstellungsgespräch vor allem zeigen, dass Sie etwas anzubieten haben, was gebraucht wird und was gerade Sie aus der Menge potenzieller oder sogar vorhandener Kandidaten heraushebt.

Wie Sie es anstellen, eingestellt zu werden

Stellen Sie sich vor: Sie sind in Hollywood.

Was Sie da machen? Eigentlich logisch, Sie sind im Filmbusiness tätig: als Filmproduzent. Sie entscheiden, in welches Filmgenre Sie das Ihnen anvertraute Geld investieren. Soll es ein Western, Krimi, Kriegsfilm oder eine Komödie, ein Liebesfilm werden? Sie tragen Verantwortung, müssen sich entscheiden. Der Film soll beim Publikum gut ankommen. Sie haben eine Botschaft zu vermitteln. Nach der Entscheidung für das Genre suchen Sie sich einen Drehbuchautor, einen Regisseur, und bei der Besetzung der Hauptrolle entscheiden Sie mit.

Im Bewerbungsverfahren werden all diese Positionen von Ihnen ausgefüllt. Sie sind Ihr eigener Produzent, entscheiden, wie und vor allem als was Sie sich präsentieren wollen. Sie schreiben selbst Ihr Drehbuch, entwickeln eine Dramaturgie, setzen sich mit Ihren Bewerbungsunterlagen in Szene – zunächst auf dem Papier. Später, wenn Sie eingeladen werden, sind logischerweise Sie der Hauptdarsteller (in eigener Sache).

Begreifen Sie, welche Möglichkeiten Sie haben. Nachdem Sie wissen, wer Sie sind und was Sie anzubieten haben, geht es um Konzept und Planung Ihrer Bewerbungsmappe. Ein Beispiel haben Sie bereits gesehen, gleich folgen weitere. Vielleicht gefällt Ihnen diese oder jene Darstellungsweise besonders gut.

Jetzt stehen Sie vor der Aufgabe, zu entscheiden, wie Ihre Unterlagen aussehen sollen. Dabei geht es nicht um das (ganz) Äußere, die Papiersorte, die Form der Bindung, die Präsentation, sondern zunächst darum, welche Seiten Sie grundsätzlich planen, mit welchen Informationen und Botschaften Sie sich an den Leser wenden wollen.

Folgende Elemente sind in Ihrer Bewerbungsmappe vorstellbar:

- eine erste Seite als Titelblatt
- eine Seite mit Ihrem Foto, den persönlichen Daten, Erfahrungen o. Ä.
- mehrere Seiten zu den Stationen Ihres Berufslebens, zum beruflichen Ausbildungs- und Werdegang
- eine Extraseite zu Aus- bzw. Fortbildungen oder Arbeitsschwerpunkten, zu besonderen Fähigkeiten, Interessen, Hobbys etc.
- eine Dritte Seite mit einer besonderen Botschaft an den Leser Ihrer Bewerbungsunterlagen
- eine Seite Anlagenverzeichnis
- mehrere Seiten mit sinnvollen Anlagen wie Arbeits- und Ausbildungszeugnissen

Ob in dieser oder in einer ganz anderen Abfolge, ob mit Extraseite oder gleich ohne Deckblatt in medias res, rein in Ihren beruflichen Werdegang, Ihre Entwicklung, Sie müssen sich jetzt vorab überlegen, wie Sie Ihren Werbeprospekt in eigener Sache gestalten wollen.

Am wichtigsten ist dabei natürlich Ihre Botschaft an den Leser. Ihr Ziel: Sie müssen den Leser Ihrer Unterlagen »einfangen«. Er soll sich »festlesen«, Interesse an Ihrer Person entwickeln, Sie unbedingt kennen lernen wollen und deshalb zum Vorstellungsgespräch einladen.

Schauen wir uns erst noch einige weitere Beispiele in der Vorher-nachher-Version an. Achten Sie auch auf die verschiedenen Elemente der Bewerbung und die Abfolge, das »Drehbuch«.

MERKBLOCK

Wo werden Problemlöser mit Ihren Kenntnissen gesucht? Wenn Sie so an Ihr Bewerbungsvorhaben herangehen, werden Sie viel schneller Erfolg haben.

Vorsicht! 1., schlechte Version

Christian Claussen
Staatl. geprüfter Hotelbetriebswirt
Wilfriedstr. 45
33649 Bielefeld
Tel.: 0521 3572948
E-Mail: Ch.Claussen@gmx.de

Hotel Deutsches Haus
Personalabteilung
Schwarzer Weg 23
24939 Flensburg

Bielefeld, den 03.10.2010

Ihre Stellenanzeige

Sehr geehrte Damen und Herren,

hiermit möchte ich mich auf Ihre Stellenanzeige bewerben, da mich die ausgeschriebene Position sehr reizt und ich nach Flensburg übersiedeln möchte, da meine Frau dorthin beruflich versetzt wurde.

Seit Januar 2009 bin ich Verkaufsleiter in ungekündigter Position in einem Kongresshotel in Bielefeld und bin dort für 10 Mitarbeiter verantwortlich. Die von Ihnen verlangten Anforderungen decke ich größtenteils durch meine bisherige Berufserfahrung ab. Sollten meine Kenntnisse in dem einen oder anderen Bereich nicht ausreichend sein, bin ich auch gern bereit, mich jederzeit weiterzubilden. Ich hoffe, dass die Gelegenheit zur Fortbildung in Ihrem Betrieb unterstützt wird. Ferner ist mir ein kooperativer Führungsstil unter Berücksichtigung von Teamstrukturen wichtig. Dies würde ich gern in der von Ihnen ausgeschriebenen Position anwenden.

Ich würde mich sehr freuen, wenn ich mit dieser Bewerbung Ihr Interesse geweckt habe und Sie mich zu einem persönlichen Gespräch einladen würden.

Mit freundlichen Grüßen

Christian Claussen

Lebenslauf

Christian Claussen / 1., schlechte Version / Anschreiben (Kommentar Seite 29)

Lebenslauf

Christian Claussen

geboren am 04.04.1974 in Stuttgart

verheiratet, zwei Kinder, 12 und 16 Jahre alt

Schule und berufliche Ausbildung

08/81 – 06/90	Grund- und Hauptschule in Willingen
07/90 – 07/93	Ausbildung zum Koch im Höhenhotel Berghaus, Wesslingen/Neckar
09/99 – 06/00	Weiterbildung: Berufsoberschule in Münster (Fachschulreife)

Fachschulstudium

09/02 – 06/04	Wirtschaftsfachschule für Hotellerie und Gastronomie in Dortmund
25.06.2004	Abschlussprüfung zum staatlich geprüften Betriebswirt für das Hotel- und Gaststättenwesen mit bestandener Ausbildereignungsprüfung

Seminare und Praktika

07 – 10/03	Reservierungs- und Empfangsabteilung Praktikum im Hotel Astro, Wiesbaden
01 – 06/04	Reservierungs- und Verkaufsabteilung Praktikum im Hotel v. Korff, Berlin-Charlottenburg
01/04	Prüfung zum „Anerkannten Fachberater für deutschen Wein" Deutsches Weinbauinstitut, Mainz
03/07	Public Relations im Hotel- und Gaststättengewerbe Karla Dicks, Chefredakteurin NGZ service manager
09/08	- Controlling - Produkt-Marketing und Werbung - strategische Unternehmensführung Seminare bei der Unternehmensberatung Hell, Berlin

Christian Claussen / 1., schlechte Version / Lebenslauf (Kommentar Seite 29)

Vorsicht! 1., schlechte Version

<u>Berufsausübung</u>

07/90 – 07/93	Ausbildung zum Koch Höhenhotel Berghaus, Wesslingen/Neckar
01/94 – 03/95	Koch Hotel-Restaurant Zur Linde, Heilbronn
04/95 – 03/96	Demi-Chef Entremetier Hotel Hirsch, Fellbach/Schwarzwald
04/96 – 12/97	Chef-Entremetier Hotel-Restaurant Rössle, Waldenburg bei Stuttgart
01/98 – 08/99	Kfm. Angestellter Verkauf (Gastronomie, Abt. Food) REWE-Süd-Großhandel, Spellbach
07/00 – 03/01	Chef-Entremetier / Chef de Rotisseur Hotel-Restaurant Poch, Bellingen
04/01 – 08/02	Stellvertretender Küchenchef (Sous-Chef) Hotel-Restaurant Poch, Bellingen
07/04 – 06/05	Direktionsassistent Astro Hotel, Wiesbaden
07/05 – 12/08	Verkaufsleiter / stellv. Geschäftsführer ABC-Hotel GmbH, Berlin-Tiergarten

<u>Sprachkenntnisse</u>	Englisch in Wort und Schrift (fließend) Französisch (gute Kenntnisse)
<u>EDV-Kenntnisse</u>	Reservierungssystem „Fidelio-Micro", „HORES", „RIO 80862" Windows XP, Microsoft Office Professional 8

Bielefeld, 03.10.2010 Christian Claussen

Christian Claussen / 1., schlechte Version / Lebenslauf (Kommentar Seite 29)

Christian Claussen
Staatl. geprüfter Hotelbetriebswirt
Wilfriedstr. 45
33649 Bielefeld
Tel.: 0521 3572948
E-Mail: Ch.Claussen@gmx.de

Herrn
Direktor Berghausen
Hotel Deutsches Haus
Schwarzer Weg 23
24939 Flensburg

Bielefeld, 03.10.2010

Ihre Anzeige im Flensburger Tageblatt vom 27.09.2010 / Unser Telefonat

Sehr geehrter Herr Berghausen,

vielen Dank für das informative Telefongespräch am gestrigen Nachmittag.
Wie besprochen hier meine vollständigen Bewerbungsunterlagen.

Ich bin Betriebswirt für das Hotel- und Gaststättenwesen
(Studium in Dortmund an der Wirtschaftsfachschule),
36 Jahre alt, ursprünglich gelernter Koch und
zurzeit in einem Hotel mit 280 Betten in Bielefeld
als Verkaufsleiter in ungekündigter Stellung tätig.

Aus persönlichen Gründen möchte ich mein Wirkungsfeld
nach Flensburg verlagern und bin sehr daran interessiert,
Ihr Haus und das in unserem gestrigen Telefonat
besprochene Aufgabengebiet näher kennenzulernen.

Auf eine persönliche Begegnung mit Ihnen freue ich mich

und grüße Sie herzlich aus Bielefeld

Anlage

Christian Claussen / 2. Version / Anschreiben (Kommentar Seite 29)

Bewerbungsunterlagen

für Herrn Direktor Berghausen
Hotel Deutsches Haus, Flensburg

Christian Claussen
Staatl. geprüfter Hotelbetriebswirt
Wilfriedstr. 45
33649 Bielefeld
Tel.: 0521 3572948
E-Mail: Ch.Claussen@gmx.de

Christian Claussen / 2. Version / Deckblatt (Kommentar Seite 29)

Lebenslauf

Zur Person:	Christian Claussen staatlich geprüfter Betriebswirt für das Hotel- und Gaststättenwesen geboren am 04.04.1974 in Stuttgart verheiratet, zwei Kinder, 12 und 16 Jahre alt
Angestrebte Position:	Direktor Verkauf und Marketing
Ausgangssituation:	seit 01.2009 Verkaufsleiter in ungekündigter Position Kongresshotel Beierhoff, Bielefeld, ein 280-Betten-Haus Personalverantwortung: 10 Mitarbeiter Etatverantwortung: 500 000 EUR

Beruflicher Werdegang

07/05 – 12/08	**Verkaufsleiter / stellv. Geschäftsführer** ABC-Hotel GmbH, Berlin-Tiergarten
07/04 – 06/05	**Direktionsassistent** Astro Hotel, Wiesbaden
04/01 – 08/02	**Stellvertretender Küchenchef (Sous-Chef)** Hotel-Restaurant Poch, Bellingen
07/00 – 03/01	**Chef-Entremetier / Chef de Rotisseur** Hotel-Restaurant Poch, Bellingen
01/98 – 08/99	**Kfm. Angestellter Verkauf (Gastronomie, Abt. Food)** REWE-Süd-Großhandel, Spellbach
04/96 – 12/97	**Chef-Entremetier** Hotel-Restaurant Rössle, Waldenburg bei Stuttgart
04/95 – 03/96	**Demi-Chef Entremetier** Hotel Hirsch, Fellbach/Schwarzwald
01/94 – 03/95	**Koch** Hotel-Restaurant Zur Linde, Heilbronn
07/90 – 07/93	**Ausbildung zum Koch** Höhenhotel Berghaus, Wesslingen/Neckar

Christian Claussen / 2. Version / Lebenslauf (Kommentar Seite 29)

Seminare und Praktika

09/08	**– Controlling** **– Produkt-Marketing und Werbung** **– strategische Unternehmensführung** Seminare bei der Unternehmensberatung Hell, Berlin
03/07	**Public Relations im Hotel- und Gaststättengewerbe** Karla Dicks, Chefredakteurin NGZ service manager
01/04	Prüfung zum **„Anerkannten Fachberater für deutschen Wein"** Deutsches Weinbauinstitut, Mainz
01 – 06/04	**Reservierungs- und Verkaufsabteilung** Praktikum im Hotel v. Korff, Berlin-Charlottenburg
07 – 10/03	**Reservierungs- und Empfangsabteilung** Praktikum im Hotel Astro, Wiesbaden

Schulische und berufliche Ausbildung

08/81 – 06/90	Grund- und Hauptschule in Willingen
07/90 – 07/93	Ausbildung zum Koch im Höhenhotel Berghaus, Wesslingen/Neckar
09/99 – 06/00	Weiterbildung: Berufsoberschule in Münster (Fachschulreife)

Fachschulstudium

09/02 – 06/04	Wirtschaftsfachschule für Hotellerie und Gastronomie in Dortmund
25.06.2004	Abschlussprüfung zum staatlich geprüften Betriebswirt für das Hotel- und Gaststättenwesen mit bestandener Ausbildereignungsprüfung Studienfächer: – Betriebswirtschaftslehre – Betriebliches Rechnungswesen – Touristik- und Hotel-Marketing – Angewandte Datenverarbeitung (EDV) – Technologie des Hotel- und Gaststättengewerbes – Praxisorientierte Fallstudien – Rechts- und Steuerlehre – Englisch / Französisch – Berufs- und Arbeitspädagogik (AEVO)

Christian Claussen / 2. Version / Lebenslauf (Kommentar Seite 29)

Sprachkenntnisse	Englisch in Wort und Schrift (fließend) Französisch (gute Kenntnisse)
EDV-Kenntnisse	Reservierungssystem „Fidelio-Micro", „HORES", „RIO 80862" Windows XP, Microsoft Office Professional
Engagement	Vollmitglied in der Hotel Sales and Marketing Association (HSMA), German-Chapter, Region 1
Sonstiges	Führerschein Kl. B
Hobbys	mein Beruf, hier insbesondere Marketing und Werbung Blues und Jazz (ich spiele Saxofon) Reisen / Fotografieren / mit Holz arbeiten

Was Sie sonst noch über mich wissen sollten

Meine Handlungsweise ist geprägt vom Umgang mit Menschen sowie dem Streben nach optimaler Dienstleistung und größtmöglicher Zufriedenheit der mir anvertrauten Gäste.

Mein Denken wird dabei selbstverständlich auch von betriebswirtschaftlichen Zahlen bestimmt.

Ökonomische Zusammenhänge schnell zu erfassen und analytisch auszuwerten, um auf dieser Basis nach neuen, effektiveren Lösungen zu suchen, ist Grundlage meiner unternehmerischen Aktivitäten.

Bielefeld, 03.10.2010

Christian Claussen / 2. Version / Lebenslauf (Kommentar Seite 29)

Anlagen / Inhaltliche Gliederung

Arbeitszeugnisse / Referenzen:

ABC-Hotel GmbH, Berlin-Tiergarten

Astro Hotel, Wiesbaden

Hotel-Restaurant Poch, Bellingen

REWE-Süd-Großhandel, Spellbach

Hotel-Restaurant Rössle, Waldenburg

Hotel Hirsch, Fellbach

Hotel-Restaurant Zur Linde, Heilbronn

Seminare / Praktika:

Grundkurs Excel

Grundkurs MS-Windows

Controlling

Produkt-Marketing und Werbung

Strategische Unternehmensführung

Public Relations im Hotel- und Gaststättengewerbe

Anerkannter Berater für deutschen Wein

Praktikums-Zeugnis Hotel v. Korff

Praktikums-Zeugnis Hotel Astro

Ausbildungszeugnisse:

Abschlusszeugnis zum staatlich geprüften Betriebswirt
für das Hotel- und Gaststättengewerbe,
Wirtschaftsfachschule für Hotellerie und Gastronomie,
Dortmund

Ausbildereignungsprüfung, IHK Dortmund

Berufsoberschule, Münster

Fachgehilfenbrief zum Koch,
Höhenhotel Berghaus, Wesslingen/Neckar

Christian Claussen / 2. Version / Anlagenverzeichnis (Kommentar Seite 29)

ZU DEN UNTERLAGEN VON CHRISTIAN CLAUSSEN

1. Version

Ein schlicht gestaltetes **Anschreiben** – immerhin mit E-Mail-Adresse –, leider aber mit unklarer Betreffzeile, spricht niemanden an. Die Anrede sowie der erste Satz sind out (»da … da …«), der kleine Formfehler in der Datumszeile ist fast noch verzeihlich. Wie kann man nur so ungeschickt argumentieren? Sie werden es uns nicht glauben, häufig erhalten wir solche Texte zur Begutachtung. Und auch wenn sich der Kandidat freuen würde, eine Einladung bekäme er nicht bei dieser Argumentation im Anschreibentext.

Der auf zwei Seiten präsentierte **Lebenslauf** (warum unterstrichen? So etwas machte man in den Zeiten der alten Schreibmaschine. Außerdem: ein viel zu kleines Foto!) entspricht der alten, aber immer noch gängigen Form und ist damit keinesfalls so schlecht wie das Anschreiben, unterschlägt jedoch so wichtige Punkte wie die aktuelle Beschäftigung (Kongresshotel in Bielefeld) und auch Rubriken wie Sonstiges, Interessen und Hobbys. Er ist eindeutig langweilig, ohne offensichtlichen Glanz, ist er schon. Das merkt man allerdings nur, wenn man vergleicht und sieht: Es geht auch ganz anders in der Darstellung.

2. Version

Ein angenehm kurzes **Anschreiben** bringt die Botschaft schnell und souverän auf den Punkt. Hier wurde vorab telefoniert, die Unterlagen vorher angekündigt! Übrigens: eine interessante Grußformel.

Die gewählte Form für das **Deckblatt** ist Ihnen als Leser jetzt bereits nicht mehr ganz so fremd. Beachten Sie auch das bemerkenswerte **Foto** (quadratisch). Es zeigt einen interessanten Kandidaten mit Fliege und ist gut fotografiert (attraktiv auch ohne »Anschnitt«). Auf einem solchen Bewerberfoto bleibt das Betrachterauge länger ruhen und das ist ja auch intendiert, denn: Jetzt entstehen Sympathie, Interesse am Kandidaten, der Wunsch, ihn näher kennenzulernen. Dieses Foto verfügt über Kraft, vermittelt Ausstrahlung.

Die mit der Überschrift **Lebenslauf** versehene nächste Seite hat einen klassischen Aufbau (zur Person, berufliche Ausbildung), der aber geschickt ergänzt wurde (angestrebte Position, Ausgangssituation) und für den Leser sehr übersichtlich gestaltet ist. Dann folgt der berufliche Werdegang in aller gebotenen Ausführlichkeit von heute in die Vergangenheit, im Anschluss daran auf der nächsten Seite ergänzt durch Seminare und Praktika und den schulischen und beruflichen Ausbildungsgang.

Auf der nächsten Seite weitere Angebote. Einziger Kritikpunkt: Vielleicht etwas weniger Hobbys aufzählen (letzte Zeile!).

Nicht ganz neu für Sie als Leser ist jetzt das Einfügen einer weiteren Mitteilung. Diese ist wirklich ausdrucksstark formuliert, ebenfalls grafisch ansprechend gestaltet und vermittelt einen positiven Anreiz, den sich hier bewerbenden Kandidaten möglichst schnell einzuladen.

Erstmalig sehen Sie hier eine **Inhaltsübersicht** zu den weiteren Anlagen. Sie macht einen überzeugenden Eindruck.

Einschätzung: Die gesamte Bewerbungsmappe verdient sicherlich die Note »2+« (wenn nicht besser).

Thorsten Trautwein, Diplom-Betriebswirt
Frankfurter Str. 12, 64293 Darmstadt, Tel. 06151 3286431,
E-Mail: Thorsten.Trautwein@addcom.de

Manpower Personaldienstleistungen
Personaldirektion
Herrn Dr. Gerlach-Schulze
Böcklerstr. 56
64291 Darmstadt

Darmstadt, 31. Dezember 2010

Meine Bewerbung als Ihr Niederlassungsleiter
Ihre Anzeige im Darmstädter Tageblatt vom 28.12.2010

Sehr geehrter Herr Dr. Gerlach-Schulze,

nach dem freundlich-informativen Telefonat mit Herrn Eberhardt erhalten Sie hier meine Bewerbungsunterlagen. Im Folgenden eine kurze Darstellung meiner Person:

- Diplom-Betriebswirt, Kommunikationstechniker, 37 Jahre alt
- 6 Jahre IBN-Berufserfahrung, Gebietsleiter (Teamleiter)
- hoch motiviert, leistungsstark und zielorientiert
- Erfahrung in Personaldienstleistungen

Meine Gehaltsvorstellung liegt im Bereich EUR 75.000,-- p. a. Ein optimaler Eintrittstermin wäre für mich der 1. April 2011.

Über eine Einladung zu einem persönlichen Gespräch freue ich mich.

Mit freundlichen Grüßen und allen guten Wünschen für das neue Jahr

Anlagen

Thorsten Trautwein / Anschreiben **(Kommentar auf Seite 36)**

BEWERBUNGSUNTERLAGEN

MANPOWER PERSONALDIENSTLEISTUNGEN

Thorsten Trautwein

Diplom-Betriebswirt
Frankfurter Str. 12
64293 Darmstadt

Thorsten Trautwein / Deckblatt (Kommentar auf Seite 36)

Thorsten Trautwein, Diplom-Betriebswirt

Thorsten Trautwein

Frankfurter Str. 12
64293 Darmstadt

Tel.: 06151 3286431

E-Mail: Thorsten.Trautwein@addcom.de

geboren am 13. August 1973 in Aachen

ledig, keine Kinder

Resümee
berufliche und persönliche Kenntnisse, Erfahrungen und Fähigkeiten

IBN

Vom Trainee bis zum Gebietsleiter (Umsatz EUR 8,5 Mio.) habe ich mir, aufbauend auf dem Betriebswirtschaftsstudium, wichtige Kenntnisse und Fertigkeiten in der freien Wirtschaft angeeignet.

USA

Auslandserfahrung und der Abschluss eines „High School Diploma" haben meinen Horizont wesentlich erweitert.

ZIEL

Zu meinen wichtigen persönlichen Eigenschaften gehört das Vermögen, mir Ziele zu setzen und diese dann gemeinsam mit meinen Partnern zu erreichen.

Thorsten Trautwein / Resümee (Kommentar auf Seite 36)

LEBENSLAUF

BERUFSPRAXIS

Juni 2009 Dez. 2010		IBN Komm Darmstadt AG Gebietsleiter für die NBL Vertriebsbeauftragter • Gebietsleiter (Teamleiter für eine 4er-Gruppe) Umsatzverantwortung von EUR 8,5 Mio. Betreuung der autorisierten Händler • Portefeuille-Analysen und Erarbeitung von Marketingstrategien Vertriebsbeauftragter Multimedia • Projektleiter für Industriemessen • Projektleiter für die Neuentwicklung von CD-ROMs auf dem Telefonmarketingsektor
Febr. 2003 Juni 2009		IBN Komm Deutschland AG, Frankfurt am Main Bereich Feinmarketing • Leitung eines Projektes für den europäischen Markt im Bereich Bankautomation • Planung der Logistik und Materialbestellung
Jan. 1999 Dez. 2000		Job-Zeitarbeit GmbH Bereichsstellenleiter

Thorsten Trautwein / Lebenslauf (Kommentar auf Seite 36)

Thorsten Trautwein, Diplom-Betriebswirt

STUDIUM UND BERUFSAUSBILDUNG

Sept.	2001	Schule für Kommunikation und EDV, Nixdorf AG
Febr.	2003	Abschluss: Kommunikationstechniker
Jan.	2001	Auslandsaufenthalt in Canberra, Australien
Aug.	2001	Sprachintensivkurs
Okt.	1994	Fachhochschule für Wirtschaft, Hamburg
Sept.	1997	Abschluss: Diplom-Betriebswirt

SCHULAUSBILDUNG

Aug.	1991	Oberstufenzentrum für Wirtschaft, Hamburg
Dez.	1992	Abschluss: Abitur
Aug.	1990	Austauschschüler in den USA
Juli	1991	High School in Baltimore/USA
		Abschluss: High School Diploma
April	1980	Carl-von-Ossietzky-Grundschule, Hamburg
Juni	1986	Heinrich-Heine-Gymnasium, Hamburg

WEITERE TÄTIGKEITEN

von	1993	zur Finanzierung des Studiums Tätigkeiten im
bis Dez.	1998	Gastronomiebereich sowie als wissenschaftlicher Mitarbeiter
		im Steuerberaterbüro von H. May, Hamburg

ENGAGEMENT UND HOBBYS

Leitung einer Jungengruppe im Paritätischen Wohlfahrtsverband Berlin (Ausbildung zum Jugendleiter)
Golf und Surfen
Mitglied im Golfclub Berghaus

Darmstadt, 31. Dezember 2010

Thorsten Trautwein

Thorsten Trautwein / Lebenslauf (Kommentar auf Seite 36)

Thorsten Trautwein, Diplom-Betriebswirt

WIE ICH WURDE, WAS ICH BIN

Meine privaten und beruflichen Aufenthalte in angloamerikanischen Ländern, wie den USA und Australien, prägten nachhaltig meinen Wunsch, in einem amerikanisch geführten Unternehmen zu arbeiten.

In acht Jahren vielseitiger IBN-Erfahrung, zunächst als Trainee und später als Gebietsleiter im Vertrieb, konnte ich mir einen sehr guten Überblick über das Zusammenspiel der verschiedenen Bereiche in einem Unternehmen erarbeiten. Mit Kundenkontakten auf jeder Ebene, Verkauf und Logistik bin ich bestens vertraut. Umsatz- und Marketingziele sind für mich persönliche Herausforderungen, denen ich mich gern und mit hohem Engagement stelle.

Teamgeist, Durchsetzungsvermögen und Lernbereitschaft kennzeichnen mich ebenso wie meine Fähigkeit, guten Kontakt zu anderen Menschen aufzubauen, um gemeinsam mit ihnen etwas zu bewegen, Ziele zu erreichen.

Thorsten Trautwein / Dritte Seite **(Kommentar auf Seite 36)**

ZU DEN UNTERLAGEN VON THORSTEN TRAUTWEIN

Ein prägnantes, sehr übersichtliches **Anschreiben** (gute Briefkopfgestaltung) zur gefälligen Eröffnung. Hier wurde vorab telefoniert, wenn auch nicht direkt mit dem personalverantwortlichen Ansprechpartner. Dessen Name ist aber ermittelt und in der Anschrift sowie in der Anrede angegeben. Nach einem kurzen Bezug auf das Telefonat mit Herrn E. kommt der Kandidat schnell auf den Punkt. Er liefert eine gelungene Kurzpräsentation der vier wichtigsten Botschaften: beruflicher Ausbildungshintergrund und Alter, Berufserfahrung, persönliche Eigenschaften und spezielle berufliche Kenntnisse.

Die dann aufgeführten Daten zur Gehaltsvorstellung und zum frühesten Eintrittstermin sind Sonderinformationen, die der Kandidat anbietet, weil sie in der Anzeige ausdrücklich gewünscht wurden. Aufgrund des Datums sind die Neujahrswünsche angemessen.

Das **Deckblatt** ist schlicht, aber übersichtlich und bietet eventuell bereits Platz für das **Foto**. Die Linie in der Kopfleiste des Anschreibens wird hier noch nicht, aber auf den folgenden Seiten als grafisches Element wiederholt verwendet. Für Empfänger wie Absender sind die präsentierten Angaben gut gewählt (z. B. Verzicht auf die Anschrift des Empfängers, Weglassen der Telefonnummer des sich bewerbenden Absenders).

Die sich anschließende **erste Seite** mit persönlichen Daten, **Foto** und Resümee überrascht in ihrer klaren und präzisen Gestaltung. Die gewählte Überschrift (Resümee) mit Erklärungszeile sowie die drei folgenden Kurztitel der Infoblöcke verführen zum Lesen und sind inhaltlich wirklich spannend gestaltet. Grafisch exzellent aufgebaut, lässt sich mit kurzem Blick das Wesentliche schnell erfassen, und man wird neugierig auf die folgenden Seiten. Schon jetzt sind die Weichen für den Kandidaten positiv gestellt.

Apropos Ästhetik: Wenig Text und viel an weißer Seite lassen die Beschäftigung mit den Unterlagen nie schwer oder mühevoll erscheinen. Die geschickt gewählte Schrifttype und -art (Großbuchstaben bei den Überschriften) tragen ganz wesentlich dazu bei.

Beim **Lebenslauf** wird mit der Berufspraxis und den aktuellen Daten begonnen. Auch hier finden sich wieder alle guten Eigenschaften, die wir auf den vorangegangenen Seiten positiv gewürdigt haben (interessante, präzise Informationen, sehr ästhetisch und damit leicht lesbar präsentiert, also keine Bleiwüste, keine Angst vor dem weißen Papier).

Die nächste Seite informiert über Studium, Berufs- und Schulausbildung und endet mit Informationen zu Engagement und Hobbys.

Für Sie als Leser vielleicht noch neu: Die von uns sogenannte **Dritte Seite** (hier eine Botschaft auf einer Extraseite) hat eine recht provokant gewählte Überschrift, die aber durch den folgenden Inhalt gerechtfertigt erscheint. Gliederung und relativ kurze Absätze machen den Text nicht nur gut lesbar, sondern tragen mit dazu bei, die Botschaft glaubwürdig zu vermitteln. Die hier getroffenen Aussagen runden das gute Eindrucksbild des Bewerbers ab und führten übrigens trotz Arbeitslosigkeit zu einer ganzen Serie von Einladungen – mit der Konsequenz, dass sich unser Kandidat unter mehreren attraktiven Arbeitsplatzangeboten das interessanteste aussuchen konnte.

Zu guter Letzt: Das hier nicht gezeigte **Anlagenverzeichnis** fehlt nur aus Platzgründen.

Einschätzung: Top, sehr, sehr gut.

Die Bewerbungsmappe

Wir möchten mit Ihnen gemeinsam jetzt Schritt für Schritt Ihre Bewerbungsunterlagen planen und schließlich auch umsetzen. Vier Beispiele kennen Sie bereits. Wie könnte nun Ihr »Werbeprospekt« aussehen?

Nicht ohne Grund beginnen wir an dieser Stelle mit einem Hinweis auf das Bewerbungsanschreiben. Gut formuliert, sollte es Aufmerksamkeit und Interesse wecken und so der ideale Auftakt sein. Am liebsten würden Sie damit jetzt direkt anfangen wollen. Wir aber schlagen Ihnen vor, das Anschreiben zuallerletzt anzugehen. Übrigens: Es wird auch meistens nicht zuerst gelesen.

Erstaunt? Bei den zahlreichen Bewerbungsunterlagen, die z. B. nach einer Stellenanzeige eintreffen, wendet sich der Personalverantwortliche lieber gleich dem sogenannten Lebenslauf, also Ihrer eigentlichen Bewerbungsmappe zu. So kann er schnell feststellen, ob die Bewerberin oder der Bewerber überhaupt infrage kommt – oder ob die Unterlagen schnellstmöglich wieder zurückgeschickt werden. Kernstück Ihres »Werbeprospekts« in eigener Sache ist also der Lebenslauf. Er steht in der Rangliste von Wichtigkeit und Bedeutung an erster Stelle, dann folgen die Empfehlungs- bzw. Dankschreiben zufriedener Kunden (das heißt Ihre Arbeitszeugnisse) und – mit noch größerem Abstand deutlich nachgeordnet in seiner Bedeutung – Ihr Begleitschreiben. Wenn auch alle drei Dokumente in ihrer Gesamtbedeutung nicht zu unterschätzen sind, in der Einzelgewichtung gibt es schon merkliche Unterschiede.

Wer als Bewerber also darauf setzt, die zentralen Informationen allein im Anschreiben zu präsentieren, läuft Gefahr, dass sie nicht ordentlich vermittelt werden. Im Lebenslauf müssen alle wichtigen Botschaften enthalten sein. Daher widmen wir uns auch zuerst den Präsentationsformen des beruflichen Werdegangs.

Skizzieren Sie doch zunächst einmal in einer Art Drehbuch, was Sie wie gestalten und auf welchen Seiten bringen wollen. Eine erste Übersicht der Möglichkeiten haben wir Ihnen bereits auf Seite 19 vorgestellt. Nach dem obligatorischen Anschreiben können ein Deckblatt und eine zusätzliche Einleitungsseite folgen, bevor Sie dann Ihre berufliche Entwicklung dokumentieren und am Ende mit einer Extraseite nochmals besonders auf sich aufmerksam machen. Haben Sie viele Anlagen, dann ist eine Seite als Anlagenverzeichnis zur besseren Orientierung zu empfehlen.

Wir gehen jetzt detailliert auf die vielfältigen Gestaltungsmöglichkeiten ein. Was Sie auswählen, liegt ganz allein in Ihrer Verantwortung. Sie entscheiden, was und wie viel für Ihren »Werbeprospekt« richtig ist.

FALLEN

Die 8 gefährlichsten Fallen beim schriftlichen Bewerben

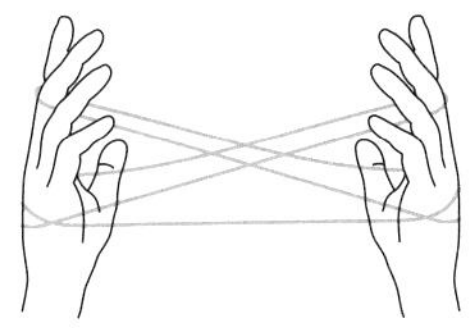

- Zu glauben, dass der Personaler anhand der Bewerbungsunterlagen schon erkennen würde, was man zu leisten imstande ist
- Sich darauf zu verlassen, dass die beigefügten Arbeitszeugnisse die Entscheider vom eigenen Wissen und Können überzeugen würden
- Zu sehr auf die Verpackung, das Äußere zu setzen
- Dem Leser zu viel oder zu wenig anzubieten
- Sich bei der Auswahl des Fotos keine Gedanken zu machen und dessen Wirkungskraft zu unterschätzen
- Die Bedeutung der Rubrik Hobby, Interessen, Engagement in Ihrem Lebenslauf zu unterschätzen
- Überhaupt: die Überschrift Lebenslauf viel zu wörtlich zu nehmen
- Zu denken, in jeder Branche herrschten die gleichen Stil- und Sprachregeln

DIE ELEMENTE DER BEWERBUNGSMAPPE

Das Deckblatt
Für welche Präsentationsform Sie sich auch immer entscheiden – es macht Sinn, den Leser Ihrer Unterlagen nicht direkt in den Lebenslauf bzw. den beruflichen Werdegang »fallen zu lassen«. Auch ein Buch beginnt nicht sofort mit dem Inhaltsverzeichnis oder gar mit dem Hauptkapitel. Das Deckblatt hat die Funktion eines Titelblatts, wie auch immer Sie es aufbauen und gestalten.

Die Inhaltsübersicht
Eine weitere Variante, um Aufmerksamkeit zu erzielen, ist die Inhaltsübersicht. Auch sie kennen wir aus jedem Buch. Sie hat die Funktion, den Leser zu informieren, was ihn inhaltlich auf den nächsten Seiten erwartet. Die Inhaltsübersicht ermöglicht somit eine schnelle Orientierung, wo was zu finden ist. Sie lohnt sich jedoch kaum für Bewerbungsmappen, die nur fünf bis acht Seiten (inklusive Anlagen) stark sind.

Die Einleitungsseite
Statt gleich mit dem beruflichen Werdegang (Lebenslauf) zu beginnen, kann die Einleitungsseite – mit oder ohne Bewerberfoto und den persönlichen Daten – eine Art Vorschau bilden, die den Leser kurz mit den wissenswerten Essentials über den Bewerber, seinen Schwerpunkten und beruflichen Highlights, bekannt macht.

Ihre persönlichen Daten mit Ihrem Foto
Diese Seite hat die Funktion, den Bewerber persönlich vorzustellen. Neben der Nennung von Namen, Beruf, Alter, Geburtsort, Familienstand, gegebenenfalls Kindern und der Präsentation des auf dieser Seite platzierten Fotos geht es darum, die Bewerberpersönlichkeit inhaltlich optimal darzustellen und zu visualisieren. Häufig werden auch Elemente aus den vorangegangenen Bausteinen hier auf dieser Seite thematisch ausgeführt.

AUF IHRE EINSTELLUNG KOMMT ES AN

Ohne intensive Vorbereitung keine überzeugenden und erfolgreichen Bewerbungsunterlagen.

Was ist jetzt das Wichtigste?
Generell sind zum Thema Bewerbung wohl zahlreiche Empfehlungen und viele konkrete Tipps vorstellbar. Nach unserer Einschätzung ist jedoch Ihre Einstellung am allerwichtigsten – und das im doppelten Wortsinn. Die mentale Auseinandersetzung und Einstimmung auf Ihr Vorhaben, einen Arbeitsplatz zu erobern, sind zentral.

Dabei spielt die gründliche Vorbereitung die alles entscheidende Hauptrolle, was übrigens regelmäßig unterschätzt wird. Die richtige Vorbereitung aber ist genau der Grundstein für den Erfolg, so wie ein solides Fundament die sicherste Basis für einen stabilen Hausbau ist.

Häufig werden in Bewerbungsverfahren viele Fehler gemacht,
weil die Bewerber sich oft nicht intensiv genug vorbereiten, nicht wissen, was auf sie zukommt und worum es wirklich geht. Das hat etwas damit zu tun, dass das Thema Bewerbung in der Lage ist, frühe biografische Erfahrungen mit dem Thema Angenommenwerden oder Abgewiesenwerden zu aktualisieren. Ein unbewusster Aspekt, der insgeheim übrigens hinter jeder Prüfungsangst steckt.

Das sind die entscheidenden Weichensteller
Kompetenz, Leistungsmotivation und *Persönlichkeit* sind die Essentials in einer jeden Bewerbungssituation – und jetzt die Herausforderung beim Erstellen Ihrer schriftlichen Bewerbungsunterlagen.

Unsere über zwanzigjährige Forschungs-, Beratungs- und Publikationstätigkeit zur speziellen Thematik Prüfungssituation Bewerbung hat als Quintessenz diese drei entscheidenden Faktoren ergeben, auf die es aus der Sicht des Arbeitsplatzanbieters bei der Bewerberauswahl ganz besonders ankommt.

Die Personalverantwortlichen wollen vor allem Folgendes in Erfahrung bringen:

1. Verfügt der Bewerber über die erforderlichen generellen und fachlichen Qualifikationen?
2. Was bewegt den Bewerber, was sind seine Motive für Arbeitsplatz- und Aufgabenwahl? Ist er motiviert, Außerordentliches zur Verwirklichung von Unternehmens- bzw. Institutionszielen zu leisten?

Der Lebenslauf
(besser: beruflicher Werdegang)
Der Lebenslauf ist das Kernstück Ihrer Mappe. Mit diesen Seiten zeigen Sie Ihre berufliche Entwicklung, die bisher geleisteten Tätigkeiten, den Ausbildungsgang und ggf. Weiterbildungsmaßnahmen, Interessenschwerpunkte, Hobbys. Ob Sie dabei alles auf eine Seite schreiben oder zwei, drei, sogar vier Seiten verwenden, bleibt Ihnen überlassen. Wie hier die Gestaltung, Abfolge, die Inhalte aussehen können, erläutern wir Ihnen ausführlich auf den Seiten 78 ff.

Die Dritte Seite
Die Dritte Seite ist ein ideales Transportmittel, um zusätzlich eine ganz besondere Botschaft zu überbringen. Übrigens: Die Dritte Seite wird von uns seit den frühen Neunzigerjahren propagiert. Ausführliche Informationen dazu bekommen Sie auf den Seiten 89 f.

Das Anlagenverzeichnis
Dieses Verzeichnis folgt dem Lebenslauf bzw. der Dritten Seite und stellt eine Auflistung der jetzt beigefügten Unterlagen bzw. Kopien dar. Der eilige Leser sieht auf einen Blick, welche Anlagen mitgeschickt wurden, und findet die ihn interessierende Kopie schneller, da nicht erst der ganze Stapel durchgesehen werden muss.

LERNTEST

2. Lerntest: Ihr Wissensstand über die schriftliche Bewerbung

Achtung! Es sind mehrere Antworten richtig.
Was sind die wichtigsten Bausteine Ihrer schriftlichen Bewerbung?

a) das Anschreiben
b) die Arbeitszeugnisse
c) der berufliche Werdegang
d) das Foto
e) extra einzeln beigefügte Arbeitsproben
f) die Ausbildungsurkunden
g) die Dritte Seite
h) alles
i) nichts davon

Die richtige Lösung finden Sie auf Seite 95.

Lösung 1. Lerntest: Nicht ganz einfach, wir sagen: d, a, e, b, c, aber darüber lässt sich streiten!

3. Mobilisiert der Bewerber Sympathiegefühle, kann man sich mit ihm im Arbeitsalltag »wohlfühlen« und passt er zum Team, zum Unternehmen (bzw. zur Institution)? Neudeutsch formuliert: Stimmt die persönliche Chemie?

Warum neben Kompetenz vor allem Sympathie und Leistungsmotivation so wichtig sind.
Abgesehen vom fachlichen Können sind die absoluten Weichensteller Ihr Sympathie mobilisierender Auftritt und die Leistungsmotivation, die man Ihnen zutraut. Wenn Sie denken, dass das ja frühestens beim Vorstellungsgespräch zum Tragen kommt, irren Sie sich! (Stichwort: Foto!)

Während Sympathie (wie auch Antipathie) bei einer ersten Begegnung sofort spontan affektiv spürbar ist, werden die Schlüsselmerkmale Leistungsmotivation und Kompetenz attribuiert, also kognitiv zugeschrieben. Es sind Merkmale, die sich uns nicht unmittelbar affektiv mitteilen. Und dennoch: Es geht gerade bei Leistung und Können auch um Zutrauen in Ihre Potenziale. Und das bedeutet Vertrauen, also doch wieder auch die Beteiligung von Gefühlen.

Leistungsmotivation und Kompetenz offenbaren sich nicht so schnell wie das zentrale, auf die Persönlichkeit bezogene und auch durch unbewusste Faktoren maßgeblich mitgesteuerte Sympathiegefühl.

Und wie sich das alles schon beim Erstellen Ihrer schriftlichen Bewerbungsunterlagen niederschlägt, erfahren Sie gleich.

Hauptziel Ihres Bewerbungsvorhabens muss es also sein, die drei Essentials in der Bewerbungssituation, die Weichensteller für eine Einladung zum Vorstellungsgespräch – Persönlichkeit, Leistungsmotivation und Kompetenz – als Signale so prägnant auszusenden, dass sie beim potenziellen Arbeitgeber überzeugend ankommen. Das gilt für die Erstellung der schriftlichen Unterlagen ebenso wie für das persönliche Auftreten später im Vorstellungsgespräch.

Machen Sie sich vor der Bewerbung Gedanken, wie Sie sich präsentieren. Sammeln Sie Antworten, Keywords zu den Fragen:

- Was für ein Mensch sind Sie und wie präsentieren Sie sich?
- Wie bringen Sie Ihre Leistungsmotivation deutlich zum Ausdruck?
- Wie vermitteln Sie überzeugend Ihre Kompetenz?

Die Arbeits- und Ausbildungszeugnisse
Zum Abschluss folgen die wichtigsten Arbeitszeugnisse, Ausbildungsbescheinigungen und andere Erklärungen wie z. B. Referenzadressen, die Sie Ihrer Bewerbungsmappe beilegen wollen.

Nicht vergessen haben wir Ihr **Anschreiben**, das lose und nicht eingeheftet auf Ihre Bewerbungsmappe gelegt wird. Aber darüber später mehr auf Seite 93.

Ihre Aufgabe ist es also, zunächst zu entscheiden, welche Seiten Sie in welcher Abfolge zusammenstellen. Dabei kann durchaus die Regel »Weniger ist mehr« gelten. Nicht alle vorgestellten Seiten müssen Sie in Ihren Werbeprospekt aufnehmen.

DIE DRAMATURGIE

Jetzt sind Sie an der Reihe: Sie müssen sich entscheiden, wie Sie Ihren »Werbeprospekt« aufbauen, das Drehbuch Ihres Erfolgsfilmes konzipieren. Wollen Sie mit einem Deckblatt einsteigen – ggf. mit Foto? Wie wollen Sie Ihre erste Seite gestalten? Wie viele Seiten brauchen Sie für die Darstellung Ihres beruflichen Werdeganges, Ihres Lebenslaufs? Entwickeln Sie eine Dritte Seite? Verwenden Sie ein Anlagenverzeichnis?

Am besten, Sie verdeutlichen sich Ihr Vorhaben durch eine kleine Zeichnung. Die Entwicklung der Dramaturgie Ihrer Bewerbung wird Ihnen leichter fallen. Unsere Beispiele zeigen, worum es geht.

Entwickeln Sie eine Leitidee oder einen roten Faden.
Diese berühmten vier Fragen sind dabei hilfreich:

- Was für ein Mensch bin ich?
- Was kann ich?
- Was will ich?
- Was ist für mich möglich?

Zu Ihrer Standortbestimmung eignen sich auch die folgenden Fragen:

- Was liegt hinter Ihnen?
- Wie schätzen Sie sich und Ihre Fähigkeiten ein?
- Wie sieht Ihre aktuelle Situation aus, mit der Sie sich auseinandersetzen müssen? Geht es bei Ihnen um einen Neueinstieg, Wechsel oder Wiedereinstieg (s. S. 15 ff.)?

Und das ist die konzeptionelle Basis Ihrer schriftlichen Bewerbung:
Sie wollen Ihre Botschaft einer Person näherbringen. Sie möchten eine Entscheidung beeinflussen. Sie soll so fallen, wie Sie es sich wünschen.

Wie gehen Sie vor? Aus der Welt der Werbung kennen wir eine besondere Vorgehensweise, die Ihr Bewerbungsvorhaben positiv unterstützen kann.

Drei aufeinander abgestimmte Schritte sind zu beachten:

1. Was wollen Sie Ihrem Gegenüber, z. B. dem Arbeitsplatzanbieter oder Personalauswähler, mitteilen? Was ist Ihr Anliegen, Ihr Ziel? Dies ist der fast wichtigste und leider auch schwierigste Baustein, der wohl auch die längste Bearbeitungszeit in Anspruch nehmen wird.
2. Wie formulieren Sie aus den sorgfältigen Überlegungen zu Ihrem Kommunikationsziel verständliche, schnell begreifbare, überzeugende Botschaften? Hier kommt es besonders auf Ihre Fähigkeit an, etwas auf den Punkt zu bringen.
3. Wie untermauern Sie diese sorgfältig ausgewählten und präzise formulierten Botschaften, um deren Glaubwürdigkeit und Überzeugungskraft ebenso zu stärken wie deren Erinnerungsgehalt?

Wir stehen aber immer noch am Anfang der Trias *Kommunikationsziel definieren – Botschaften formulieren – Argumente zusammenstellen*, und das bedeutet, Sie sollten sich zunächst einmal mit der Frage auseinandersetzen, was Sie Ihrem Gesprächspartner von sich vermitteln wollen.

Version 1

Kommentar
Diese Variante kennen Sie. Das Anschreiben auf einer Seite, relativ außergewöhnlich ist das Extra-Deckblatt, auf ein oder zwei Seiten folgt der Lebenslauf. Danach kommen die Anlagen wie Zeugnisse oder Empfehlungsschreiben.

Auch eine andere Abfolge ist vorstellbar und Erfolg versprechend. Schauen Sie sich die folgende Variante an. Wenn Sie die Möglichkeiten vor Augen haben, werden Sie sich leichter darüber klar, was besser für Ihre Selbstdarstellung geeignet sein könnte.

Den meisten Bewerbern fällt jetzt spontan ein: »Ich will diesen oder jenen Job! Ich bin der Größte, Erfahrenste …«

Dieses Kommunikationsziel haben aber auch alle anderen Mitbewerber. Allein die Tatsache, dass Sie einen neuen Job haben wollen, ist für die am Auswahlprozess Beteiligten kein zwingender Grund, sich für Ihre Person zu entscheiden. Leider!

Mit dieser Frage weiter beschäftigt, neigen viele Bewerber dazu, mehr oder weniger stark zu argumentieren, Sie seien nun mal der/die Beste für bestimmte Aufgaben. Schön und gut, aber was glauben Sie, wie argumentieren Ihre Mitbewerber? Man wird schnell erkennen, dass das Kommunikationsziel »Ich bin der/die Beste, ich will, geben Sie mir die Chance!« für sich allein noch ziemlich schwach ist.

Fazit und Frage:
Wie kann man es besser machen?
Zunächst geht es darum, ein besonderes Kommunikationsziel zu entwickeln.

Leichter gesagt als getan. Sie haben die schwierige Aufgabe, sich genau zu überlegen,

- was für ein Mensch Sie sind,
- was für besondere Fähigkeiten Sie haben und
- was Sie damit eigentlich anfangen wollen.

Oder, in der Abfolge variiert und auf die drei Essentials reduziert, Sie ahnen es: *Kompetenz, Leistungsmotivation, Persönlichkeit.*

Wenn Sie sich lange genug mit diesen Fragen und diesen Themen, kurz mit Ihrem individuellen Angebot auseinandergesetzt haben und zu wichtigen, substanziellen Ergebnissen gekommen sind, wird es Ihnen leichter fallen, ein Kommunikationsziel zu entwickeln. Salopp formuliert: Wie sage ich es meinem Kunden, dem potenziellen Arbeitsplatzanbieter?

Ein weiteres, nicht geringes Problem: Wird das, was ich vermitteln will, wirklich für eine positive Entscheidung im Rahmen des Prüfungs- und Auswahlprozesses ausschlaggebend sein?

Beginnen Sie zunächst mit der Definition Ihres Kommunikationsziels.
Ein Beispiel: Mein Kommunikationsziel ist es, …
… den Lesern und Personalentscheidern zu vermitteln, dass ich ein Mensch bin, der über außergewöhnliche kommunikative Begabungen verfügt. Darunter ist zu verstehen: Ich bin sehr gut in der Kontaktaufnahme zu anderen, kann mich

Version 2

Kommentar
Ersparen wir uns jetzt – natürlich nur für die Planung der Mappe mit den verschiedenen Informationsblöcken – das skizzierte Anschreiben. Wie sollen die wichtigen Bestandteile der Bewerbungsmappe, die einzelnen Seiten Ihres Werbeprospektes gefüllt sein? Es geht um die Grobplanung und hier ist eine neue Variante. Zwischen Deckblatt und Lebenslauf kommt eine Seite mit den persönlichen Daten, Ihrem Foto und ggf. einem Resümee.

Wahrscheinlich fällt es Ihnen leichter, sich für oder gegen die eine oder andere Seitenvariante zu entscheiden, wenn Sie konkrete Gestaltungsmöglichkeiten sehen und vergleichen können. Betrachten Sie diese Vorschläge als Anregung. Sie müssen entscheiden, was Sie für sich in Anspruch nehmen wollen und was nicht.

schnell und gewandt ausdrücken und ohne große Hemmungen eigentlich mit jedem Menschen leicht ins Gespräch kommen. Andere vertrauen mir auffällig schnell. Ich wirke auf viele Personen ermutigend und bin bestimmt ein sehr guter und aufmerksamer Zuhörer. Trotz meiner Freude an Unterhaltungen und auch an gezielten Gesprächen bin ich jemand, der sehr diskret sein kann und bei dem ein Geheimnis absolut sicher aufgehoben ist.

Formulieren Sie daraus leicht verständliche, klare Botschaften.
Jetzt zu Ihrer zweiten Aufgabe. Sie entwickeln aus Ihren Zielvorstellungen klare und schnell zu verstehende Botschaften. In unserem Beispiel wären das folgende:

Meine drei wichtigsten Botschaften lauten:

1. Ich bin ein kommunikativ begabter Mensch, der mit anderen mühelos jederzeit ins Gespräch kommen kann.
2. Ich gewinne schnell das Vertrauen anderer Menschen.
3. Ich bin ein guter und aufmerksamer Zuhörer.

Suchen Sie sich die besten, überzeugendsten Argumente aus.
Jetzt fehlt nur noch der dritte Schritt in dieser Vorbereitung. Entwickeln Sie wohlüberlegte Argumente. Wieso? Nun, von sich zu behaupten, dass man so und so sei, ist schon nicht jedermanns Sache. Aber das allein reicht nicht aus, denn nur Behauptungen aufzustellen ist zu wenig.

»Die Botschaft hör ich wohl, allein mir fehlt der Glaube«, sagte schon Goethes Faust. Nicht nur deshalb ist es jetzt beim dritten Schritt besonders wichtig, die Argumente zu finden, die Ihre Botschaften glaubwürdig untermauern helfen, gleichsam in der Lage sind, »Fleisch an den Knochen« zu bringen.

Mit welcher Anekdote, durch welche Detailbeschreibungen kann ich meinem lesenden Gegenüber verdeutlichen, dass meine in den Botschaften enthaltenen Aussagen wirklich glaubwürdig sind?

Welche Situationen, Begebenheiten in Ihrem (Berufs-)Leben verdeutlichen, was Ihre Botschaften als Kurzformeln transportieren sollen? Wenn Sie hier den richtigen Erzählstoff beisammenhaben, stehen Ihre Argumente und unterstreichen so die Glaubwürdigkeit Ihrer überlegt ausgewählten Botschaften.

Version 3

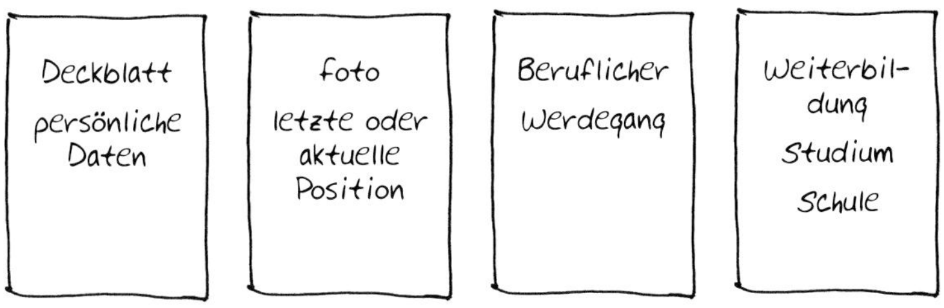

Kommentar

Besonders die Auftaktseiten (Deckblatt, Inhaltsübersicht, Einleitungsseite, erste Botschaften), aber auch der Lebenslauf sind – je nach persönlichem Geschmack – ausführlich oder eher knapp zu gestalten. Einige Seiten können auch ganz eingespart werden. In diesem Beispiel wird der Lebenslauf sinnvoll gesplittet: die letzte Position, der berufliche Werdegang und schließlich Weiterbildung, Studium und Schule. Das für den neuen Arbeitgeber Wichtigste kommt zuerst.

Je differenzierter Sie in die Planung auch des Inhaltes jeder einzelnen Seite gehen, desto leichter fällt Ihnen die Umsetzung. Ein vorher entwickeltes Konzept hilft letztlich, Zeit zu sparen. Und selbst wenn Sie bei Ihrer Umsetzung dann von Ihrem Plan abweichen: Planung macht Sinn, denn sie schafft Bewusstsein.

AUF IHRE EINSTELLUNG KOMMT ES AN

Kommunikationsziel, Botschaften und Argumentation ergeben in einem idealen Dreiklang die Entscheidungsgrundlage, auf der sich ein Arbeitsplatzanbieter für Sie als den richtigen Kandidaten entscheiden kann. Machen Sie es ihm nicht schwer. Entscheidungen sind schließlich das Schwierigste, was es in unserem Leben zu treffen gilt. Sie selbst müssen in Ihrem eigenen Interesse Ihr berufliches Vorhaben positiv befördern.

Darum geht es jetzt: biografische Anpassungsleistungen.

Ihr sogenannter Lebenslauf, besser: Ihr beruflicher Werdegang, ist zusammen mit dem Arbeitszeugnis das wichtigste Dokument, das für oder gegen Sie als Kandidaten spricht. Sie haben es selbst in der Hand, ob Ihre Unterlagen mit Interesse gelesen werden oder auf dem Stapel »Kommt nicht infrage« landen.

Also gilt: Die Präsentation Ihrer Unterlagen muss perfekt sein, die Formulierung sehr sorgfältig. Und das bedeutet: Rechnen Sie mit einem deutlichen Zeitaufwand.

Ihre Unterlagen haben vielleicht nur eine Minute Zeit, ...

um zu wirken! Das müssen Sie unbedingt wissen: Der Personalentscheider nimmt sich bei der ersten Durchsicht nur sehr, sehr wenig Zeit für Ihre schriftlichen Unterlagen.

Manche Personalchefs behaupten, in weniger als einer Minute herausfinden zu können, ob der Kandidat oder die Kandidatin sie interessiert. Andere investieren zwei, drei, selten fünf Minuten. Ihre Unterlagen haben wirklich verdammt wenig Zeit, um zu überzeugen. Vor allem, wenn man berücksichtigt, dass heutzutage auf eine Stellenanzeige (z. B. in Berlin, im Bereich Sekretariat) zwischen 250 und 800 Bewerbungen kommen. Diese Zahl sieht für Juristen, Architekten oder Chemiker nicht sehr viel anders aus.

Ihr wichtigstes Ziel: die Einladung ...

zum Vorstellungsgespräch, weil man durch Ihre Unterlagen neugierig auf Sie geworden ist und sich viel von Ihnen verspricht. Damit dieses Interesse auf der Leser- und Auswählerseite entsteht, sollten Sie gewisse Spielregeln beachten und einige dramaturgische Tricks einsetzen.

Aber noch etwas ist wichtig: Ihre Unterlagen sollten ein interessantes Angebot enthalten. Diesem muss leicht und glaubwürdig zu entnehmen sein, dass Sie etwas Besonderes für das Unternehmen, Ihren Kunden, den Arbeitsplatzanbieter machen können. Etwas, was dieser gerade dringend benötigt und bestens gebrauchen kann. Eigentlich logisch.

Version 4

Kommentar
Bereits auf dem Deckblatt wirbt der Kandidat mit seinem Foto und den Sozialdaten. Dann zuerst ein Überblick über die Fähigkeiten und die Ausgangssituation sowie die beruflichen Ziele, um auf den beiden folgenden Seiten den beruflichen Werdegang zu präsentieren. Die Ausbildungsdaten sowie Interessen/Hobbys kommen zum Schluss.

Wie umfangreich Ihr Werbeprospekt in eigener Sache wird, bestimmen Sie. Ob relativ dünn mit nur zwei, drei Seiten plus Anlageseiten oder stattlich mit sechs bis sieben Seiten, vom Deckblatt über die ausführliche Selbstdarstellung bis hin zum Anlagenverzeichnis mit weiteren zehn Dokumenten. So ziemlich alles ist erlaubt, wenn es Sinn macht. Das zu entscheiden, ist zunächst Ihre Aufgabe.

Die Verdeutlichung dieser elementaren Aspekte hilft Ihnen bei der Erstellung Ihres persönlichen Werbe- und Verkaufsprospektes.

An dieser Stelle einige spezielle Bewerbungstipps.

Spezialhinweise für Arbeitslose:
Bei der Formulierung Ihrer aktuellen beruflichen Situation gilt es, geschickt vorzugehen. Das bedeutet für Sie ein Spektrum an Möglichkeiten. Die Bandbreite reicht von »nicht klar sagen, dass Sie arbeitslos sind« bis hin zu der nicht schönen Formulierung »Arbeit suchend« (noch schlechter, weil sehr unglücklich formuliert: »seit dem xx.xx.xxxx arbeitslos«). Solange Sie noch keine zwei Monate ohne Job sind, ist der unterlassene Hinweis auf Ihre (frische) Arbeitslosigkeit vertretbar. Danach wird es zunehmend schwieriger, diesen Umstand einfach unter den Tisch fallen zu lassen.

Es ergibt sich die Frage: Was machen Sie gerade, was haben Sie bis vor Kurzem (aber schon nach dem Ausscheiden aus dem Unternehmen) konkret gemacht? Wer hier Fortbildungsmaßnahmen angeben kann, steht schon mal besser da. Auch die intensive Pflege eines Angehörigen (Kind, alte Eltern etc.) oder Ähnliches sind relativ plausible Erklärungen für einen gewissen Zeitabschnitt (bis etwa zu einem Jahr).

Ganz blöd klingt es eben, wenn Sie in Ihren Unterlagen angeben, schon seit neun Monaten leider ohne Erfolg einen Arbeitsplatz zu suchen.

Spezialhinweise für ältere Bewerber:
Sehr vieles von dem eben Gesagten kann auch auf Sie zutreffen. Eine wichtige Parallele ist dabei der Umgang mit Ihrer Altersangabe. Ganz verzweifelte Kandidaten schreiben im ersten, spätestens zweiten Satz des Anschreibens: »Falls mein Alter von 50 Jahren Sie abschrecken sollte, brauchen Sie gar nicht weiterzulesen ...« (so oder ähnlich wird leider nicht selten formuliert). Logisch, dass das keine glückliche Empfehlung ist und genau zu der befürchteten Reaktion führt.

Spezialhinweise für Azubis:
Sie müssen nur versuchen, sich von der Schlichtheit der vielen Hundert Bewerbungsanschreiben und Lebensläufe für einen Ausbildungsplatz etwas positiv abzuheben. Das ist so schwer nicht, denn 95 Prozent Ihrer Mitbewerber halten sich einfach an die vorgegebenen Formulierungen der Arbeitsagentur und seiner Broschüren.

Spezialhinweise für Hochschulabsolventen:
Auch Sie finden in den vorherigen Empfehlungen viele brauchbare Anregungen. Wenn Sie deutlich

Version 5

Kommentar

Das Inhaltsverzeichnis hat hier eine Art Deckblattfunktion, die folgende Seite trägt Foto und Sozialdaten sowie eine Auflistung beruflicher Spezialaufgaben bzw. Qualifikationen. Dann folgen Seiten des beruflichen Werdegangs. Die Ausbildungsdaten, Interessen und Hobbys kommen wieder zum Schluss. Nicht zu vergessen: eine Extraseite mit dem Anlagenverzeichnis.

Die Herausforderung besteht in der Entscheidung: Was biete ich an und worauf kann ich getrost verzichten? Auf dem schmalen Grat zwischen »nicht zu viel« und »keinesfalls zu wenig« müssen Sie zu wandeln lernen, ohne abzustürzen. Zugegeben: Das ist leichter gesagt als getan – und braucht etwas Zeit, die Sie sich unbedingt nehmen sollten.

mehr Semester als die Regelstudienzeit auf dem Konto haben, gibt es auch dafür vielleicht Gründe (z. B. regelmäßige Arbeitspraxis …).

Spezialhinweis für Führungskräfte:
Man sollte es Ihren schriftlichen Bewerbungsunterlagen anmerken, mit wem man es zu tun hat.

Weitere Spezialtipps finden Sie auf der CD-ROM.

Wie Sie sich von der Masse der Bewerber positiv abheben:
Das können Sie auf unterschiedliche, vielfältige Weise. Vor allem: indem Sie sich besonders gut vorbereiten. Ein Patentrezept gibt es freilich nicht. Das würde die Sache ja wohl gleich ad absurdum führen. Entscheidend jedenfalls ist, dass Sie sich gerade mit dieser wichtigen Frage intensiv auseinandersetzen und dazu z. B. Ihre schriftlichen Bewerbungsunterlagen kreativ und innovativ gestalten.

Übrigens: Auch die telefonische Kontaktaufnahme kann Ihnen bereits Vorteile bringen.

Entscheidend bleibt, dass eben genau das eine ganz wichtige Aufgabe ist: Ihr Bewusstsein, sich positiv von der Menge der Bewerber abzuheben. Wenn Sie beispielsweise selbst die Initiative ergreifen, heben Sie sich auch schon deutlich von anderen ab.

Eine Initiativbewerbung kann Ihnen, wenn sie gut, das heißt wirklich überzeugend formuliert und gestaltet ist, den gewünschten Erfolg, also mindestens eine Einladung zum Vorstellungsgespräch bringen. Und darauf kommt es zunächst einmal an.

Nach der intensiven Vorbereitung wissen Sie besser, wovon Sie sprechen (evtl. telefonieren) und schreiben. So können Sie das Ziel einer persönlichen Begegnung mit dem potenziellen Arbeitgeber viel überzeugender verfolgen.

Genereller Leitfaden für die Erstellung Ihrer Bewerbungsunterlagen:
Denken Sie daran: Es geht um den guten ersten Eindruck, den Sie hinterlassen wollen. In der Werbepsychologie gibt es eine Grundformel, die beschreibt, wie Wirkung erzielt werden kann, und die Sie sich für alle Ihre Bewerbungsschritte zu eigen machen sollten: die AIDA-Formel.

Bei AIDA steht
- **A** für *attention* (Aufmerksamkeit erzeugen)
- **I** für *interest* (Interesse wecken)
- **D** für *desire* (Wunsch auslösen, zum Vorstellungsgespräch einzuladen)
- **A** für *action* (die Aktivität Einladung auslösen)

Version 6

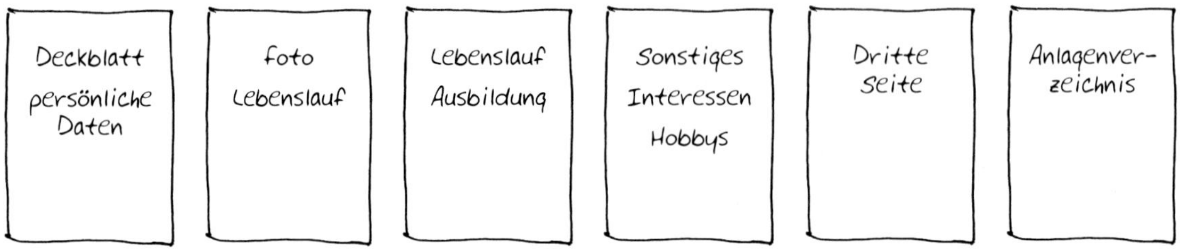

Kommentar
Hier trägt das Deckblatt schon wichtige Sozialdaten des Bewerbers. Auf der nächsten Seite zuerst das Foto, dann folgen Lebenslaufdaten über zwei Seiten, inklusive der Ausbildung am Ende der dritten Seite. Auf der vierten Seite, eventuell luftig gesetzt, kommen sonstige Kenntnisse und Hobbys, ggf. erfolgt bereits hier die Unterschrift des Bewerbers.

Die Dritte Seite – hier eigentlich die fünfte – enthält eine spezielle Botschaft für den Leser. Das Anlagenverzeichnis rundet die ganze Sache gut ab.

Anschließend geht es ins Detail. Wir zeigen Beispiele und stellen Vergleiche an.

AUF IHRE EINSTELLUNG KOMMT ES AN

Es kommt darauf an, dass Sie Aufmerksamkeit und Interesse wecken, um den Schritt »Einladung zu einem Vorstellungsgespräch« auszulösen. Stellen Sie alle wichtigen Argumente, die Sie vorzubringen haben, in kurzer, komprimierter Form dar. Der Leser, Ihr zukünftiger Arbeitgeber, soll neugierig werden auf Ihre weiteren Unterlagen und natürlich auf ein persönliches Kennenlernen.

Das Schlagwort »time is money« bedeutet in diesem Zusammenhang, dass Arbeitgeber Ihnen nicht viel Zeit lassen, sich zu bewähren. Häufig treffen sie schon beim Lesen der ersten Lebenslaufseiten oder auch nur des Anschreibens die Entscheidung, ob Sie für den weiteren Auswahlprozess infrage kommen oder ob gleich die nächste Bewerbung zur Hand genommen und Ihnen eine Absage erteilt wird. Ein US-Psychologe machte bloße zehn Sekunden als durchschnittliche Zeit aus, die über ein Ja oder Nein entscheidet.

Sie sollten sich in der Gestaltung der schriftlichen Unterlagen deutlich positiv von anderen Bewerbern unterscheiden. Besonders wichtig ist neben den inhaltlichen Aspekten auch die formalästhetische Gestaltung Ihres »Verkaufsprospekts«, genannt Bewerbungsmappe. Der Lebenslauf ist das wichtigste Element.

Ganz entscheidend ist Ihr Foto, aber dazu mehr an anderer Stelle. Und auch auf die äußere Form – den Umschlag, das Bindesystem, die Verpackung – legen viele Kandidaten zu wenig Wert. Mit einem Minimum an Aufwand kann man sich hier von anderen Bewerbern wohltuend abheben.

Nach diesen Auswahlkriterien werden die zahlreich eingehenden Bewerbungsunterlagen aussortiert: Wo ist die Eier legende Wollmilchsau, der Erlöser, der Heilsbringer, das Genie? Im Ernst: Wer gibt berechtigte Hoffnung, die Anforderungskriterien einigermaßen zu erfüllen? Dabei geht es schon auch um den Kick: Wer schafft es, sich positiv von der Masse abzuheben und beim Auswähler Interesse und Neugier zu wecken? Sicherlich: immer eine stark durch Gefühle beeinflusste Entscheidung und keinesfalls lediglich rational begründet.

Dass dabei Ihr Foto eine wichtige Rolle spielt, dürfte jetzt wohl klar sein. Mit Ihrer gut gestalteten »Dritten Seite« können Sie weitere Pluspunkte für sich sammeln.

DECKBLATT

Das Deckblatt schaut den Betrachter, den Leser Ihres »Werbeprospektes« an und lädt ein, umzublättern, sich einzulesen. Ob mit oder ohne Foto, minimalistisch oder schon sehr informativ, Sie entscheiden, womit Sie starten und wie das Cover aussehen soll. Und das sollte ja – ähnlich wie bei Zeitschriften, Büchern oder CD-Covern – neugierig auf den Inhalt machen. Vielleicht schimmert ein Foto durch und macht sofort Lust aufs Umblättern. Die denkbaren Varianten sind zahlreich, Ihr individueller Geschmack entscheidet.

Am häufigsten ist folgende Variante anzutreffen:

Bewerbungsunterlagen für die Firma XY
von XYZ, Diplom-Ingenieur

Hinzu kommt die Adresse inklusive der Telefonnummer. Nicht selten erscheint auf dem Titelblatt auch lediglich der Name des Bewerbers ohne weitere Angaben (oder alternativ der Adressat). Häufig wird dieser Platz auch bevorzugt für die Bewerberfotopräsentation ausgewählt. Selbst ein literarisches Zitat in Form eines Mottos, das Ihre Arbeitsweise, Ihre Lebensauffassung gut wiedergibt, ist denkbar. Hier einige Beispiele:

1. Beispiel

Eine schlichte, saubere Gestaltung ohne grafische Raffinesse. Der Empfänger fühlt sich angesprochen, der Absender gibt neben seiner Adresse und Telefonnummer gleich seine Berufsbezeichnung an.

2. Beispiel

Diese Variante ist schon etwas verspielter und aufwendiger, aber immer noch mit dem gleichen Informationswert wie das erste Beispiel.

Bewerbungsunterlagen

für die Mayer AG, Potsdam

Peter Bandow
Diplom-Ingenieur Elektrotechnik
Düsseldorfer Str. 11
10719 Berlin
☎ 030 8812940

Deckblatt, 1. Beispiel

Heinz Dauerwald, Stillerzeile 55, 12587 Berlin, Telefon: 030 1117989

Bewerbungsunterlagen

für die

ASIAN TECHNIK GMBH

von

Heinz Dauerwald

Diplom-Ingenieur für Umwelttechnik (TU)

Deckblatt, 2. Beispiel

Vertrauen ist für alle Unternehmungen
das größte Betriebskapital, ohne welches
kein nützliches Werk auskommen kann.
Es schafft auf allen Gebieten die Bedingungen
gedeihlichen Geschehens.
(Albert Schweitzer)

Roland Rothe
Hahnenweg 2
14465 Potsdam
Telefon 0331 54321

Bewerbung

im Bereich
interne Unternehmenskommunikation
der
Süddeutschen Beton Werke AG
Stuttgart

Deckblatt, 3. Beispiel

BEWERBUNGSUNTERLAGEN

Managementnachwuchs-Trainee

Maria Mayer

Maria Mayer, Dipl.-Ing. (FH)
(Förder- u. Lagertechnik)
Calvinstr. 20
28101 Bremen
Tel. 0421 122112

Bremen, 20.06.2010

1 von 4

Deckblatt, 4. Beispiel

Alfred Berning • Musterstraße 94 • 55430 Oberwesel • Tel. 0201 123456

Bewerbung

als	Betriebsleiter
für	Kino-Center Hamburg GmbH Herrn Mertens Neue Straße 176 20148 Hamburg
es folgen	Überblick Resümee Werdegang Anlagen

↬ Überblick

Deckblatt, 5. Beispiel

3. Beispiel

Das Deckblatt hat immer noch kein Foto, aber viel mehr Text und Aussagekraft – bedingt durch das ausgewählte Zitat, das aber keinesfalls zu allen Bewerbungen bzw. Kandidaten passt. Sie sollten also gut überlegen, ob und wenn ja, mit welchem Zitat Sie was vermitteln wollen.

4. Beispiel

Hier zeigt das Deckblatt schon das Foto, sogar mit Unterschrift und Datum.

5. Beispiel

Zusätzlich ist hier noch eine Art Inhaltsübersicht aufgenommen.

INHALTSÜBERSICHT

Ob Sie damit gleich anfangen oder diese Infos zusätzlich auf Ihrem Deckblatt integrieren, es geht nur darum, kurz einen Überblick zu geben, was auf den Leser zukommt. Intention: wie auch beim Deckblatt neugierig machen. Bedenken Sie jedoch auch, dass es prima ohne so eine Inhaltsübersicht gehen kann, insbesondere wenn Sie nicht so viele verschiedene »Kapitel« (Informationsabschnitte über Ihren beruflichen Werdegang und zu Ihrer Person) anzubieten haben.

Kommentar zum 1., 2., und 3. Beispiel

Ob mit oder ohne Foto, unterschrieben oder nicht, sehr differenziert oder weniger ausführlich: Es bleibt eine Frage und damit Entscheidung Ihres Geschmacks, ob Sie sich für oder gegen diese Seite bei Ihrem Werbeprospekt entscheiden. Wichtigstes Kriterium dabei: Was wollen Sie für einen Eindruck erzeugen und wird Ihnen das damit auch gelingen?

Hans Meyer, Diplom-Hotelkaufmann, Franzstr. 104, 12345 Berlin, T: 030 4356523 / 0175 234565

Inhaltsverzeichnis

Überblick

Resümee

Werdegang

Anlagen

zum Werdegang
Arbeitszwischenzeugnis Kurdirektor Bad Wesel
Weiter-Reisen GmbH, Hamburg
Meyer Hotel, Augsburg
Meyer Hotel, Frankfurt
Meyer Hotel, Davos
Meyer Hotel, Berlin

zu Auslandsaufenthalten
Hotel Lancaster, Paris
Diplom High School, USA

zur Qualifizierung
IHK Bremen, Ausbilderprüfung

zur Schulbildung
Zeugnis Allgemeine Hochschulreife

Referenzadressen
Dr. Horst Mayer, Bremen
Martin Schütt, Berlin

Inhaltsübersicht, 1. Beispiel

DR. MARION MARON

Geboren am 21. Januar 1961 in Frankfur am Main
Deutsche und spanische Staatsangehörigkeit
Ledig und kinderlos
Ortsunabhängig

Lebenslauf / beruflicher Werdegang

Berufserfahrungen

Arbeitsweise

Verzeichnis der Zeugnisse

Deutsche Bundespost, Geschäftsstelle Berlin
Deutsche Bundespost, Geschäftsstelle Frankfurt am Main
Stadtwerke Bremen

Promotion

Zweite Juristische Staatsprüfung
Handwerkskammer Berlin
Jacques & Lewis, Lawyers, London EC4V 4JL
Rechtsanwalt Ulf Liedtke, Hamburg
Verwaltungsgericht Hamburg
Landesarbeitsagentur Hamburg
Landgericht Hamburg
Staatsanwaltschaft Hamburg
Amtsgericht Altona

Erste Juristische Staatsprüung

Allgemeine Hochschulreife

Inhaltsübersicht, 2. Beispiel

Sybille Sim Hallerstr. 23 14567 Berlin T: 030 423476 E-Mail: sim@gmx.de

Bewerbungsunterlagen für die
Relocation AG Berlin
Herrn Hans Christian Anders

Inhaltsübersicht

Persönliche Daten

Berufliche Schwerpunkte

Beruflicher Werdegang

Ausbildung

Sonstiges

Zu meiner Motivation

Anlagenverzeichnis

Anlagen

Inhaltsübersicht, 3. Beispiel

Alfred Berning • Musterstraße 94 • 55430 Oberwesel • Tel. 0201 123456

Überblick

Personendaten	Alter geboren am Familienstand	38 Jahre 11. Juli 1972 in Marburg verheiratet, zwei Kinder
Werdegang	letzte Tätigkeit Berufsausbildung Schulabschluss	Kurdirektor Bad Wesel Betriebsassistent Hotellerie Abitur/US-High-School-Diplom
aktuelle Situation	Kurdirektor	Leitungsmanagement
Kenntnisse	Fremdsprachen Ausbilderprüfung PC mit gängiger Software Führerschein Klasse B	Englisch fließend Französisch gut
Interessen	Sport: Reiten, Jogging Werbung und Gestaltung Psychologie	
Gehaltswunsch	um 40.000 Euro p.a.	

↳ Resümee

Einleitungsseite, 1. Beispiel

Roland Rothe
Hahnenweg 2
14465 Potsdam
Telefon 0331 54321

Zur Person
geboren am 30. April 1965 in Münster (Westf.)
verheiratet, ein Kind

Ausbildungshintergrund
Diplom-Politologe, Diplom-Übersetzer

Potsdam, 10. August 2010

Einleitungsseite, 2. Beispiel

EINLEITUNGSSEITE

Mit dieser Seite können Sie Deckblatt und Inhaltsverzeichnis zusammenfassen, bereits ein Foto zeigen oder nicht, Ihre persönlichen Daten, besondere Arbeitsschwerpunkte oder sonstige Botschaften und Werbung in eigener Sache vermitteln. Unsere Beispiele zeigen, was alles möglich ist, was aber nicht bedeutet, dass Sie sich für dieses Vorgehen entscheiden müssen.

1. Beispiel

Ein außergewöhnlicher, sehr informativer Einstieg mit einer klaren Aussage als Überschrift. Wenn hier ein Gehaltswunsch angegeben wird, so kann das eine Forderung in der Anzeige gewesen sein. Sie sollten mit diesen Angaben sehr vorsichtig und zurückhaltend umgehen (besser ist es, eine Spanne anzugeben).

2. Beispiel

Kurze, prägnante berufliche Information in Kombination mit Bewerberfoto. Auch vorstellbar: Der Bewerber unterschreibt an dieser Stelle und wirbt mit der Persönlichkeitsnote seiner Handschrift.

3. Beispiel

Neben den persönlichen Daten ist ein berufliches Resümee als eine geschickte Werbebotschaft verpackt. Das macht Lust auf mehr und kreiert ein ganz besonderes Bild vom Kandidaten.

4. Beispiel

Hier ist eine Mischung aus persönlichen Daten und Verkaufsargumenten kurz und knapp in Szene gesetzt.

Stefan Pröll, Diplom-Betriebswirt, Mommsenstr. 73, 10629 Berlin

Stefan Pröll

Mommsenstr. 73
10629 Berlin

Tel.: 030 8814903
E-Mail: sproell@aol.de
geboren am 13. August 1966 in Berlin
ledig, keine Kinder

Resümee
berufliche und persönliche Kenntnisse, Erfahrungen und Fähigkeiten

IBN

Vom Trainee bis zum Gebietsleiter (Umsatz EUR 8 Mio.) habe ich mir, aufbauend auf dem Studium der Betriebswirtschaft, wichtige Kenntnisse und Fertigkeiten in der freien Wirtschaft angeeignet.

USA

Auslandserfahrung, mit Abschluss eines „High School Diploma", hat meinen Horizont wesentlich erweitert.

ZIEL

Zu meinen wichtigen persönlichen Eigenschaften gehört das Vermögen, mir Ziele zu setzen, und diese dann gemeinsam mit meinen Partnern zu erreichen.

Einleitungsseite, 3. Beispiel

Zu meiner Person

Persönliche Daten

Dr. Emil Schwarzenberg
geboren am 03.08.1956
in Wismar
unverheiratet

Kenntnisse, Erfahrungen und Fähigkeiten

- Konstruktion, Verarbeitung und Anwendung von Kunststoffen und Thermomaterial
- Grundlegendes Wissen in der Volks- und Betriebswirtschaft
- Verhandlungs- und Gesprächsführung
- Berichterstattung gegenüber Industriepartnern
- Konzeptionelle und organisatorische Arbeit im Vertrieb
- Akquisition und Kundenbetreuung
- Qualitätssicherung
- Mitarbeiterführung
- Arbeiten in einem internationalen Konzern
- Selbstständiges und eigenverantwortliches Arbeiten
- Teamarbeit

Einleitungsseite, 4. Beispiel

WICHTIGE ERSTE BOTSCHAFTEN

Diese Seite, dieser Platz kann Sie – falls noch nicht geschehen – persönlich vorstellen (Name, Beruf, Alter, Geburtsort, Familienstand, gegebenenfalls Kinder etc. bis hin zu der persönlichen Unterschrift unter dem dann auf dieser Seite platzierten Foto), aber hauptsächlich geht es darum, Ihre Arbeitspersönlichkeit textlich optimal zu präsentieren. Hier dürfte jetzt Ihre persönliche Botschaft zum Tragen kommen.

Häufig werden auch Elemente aus den vorangegangenen oder zukünftigen Bausteinen einer gut konzipierten Mappe mit auf dieser Seite thematisch ausgeführt.

1. Beispiel

Diese Variante weist viel Ähnlichkeit mit dem 4. Beispiel auf dieser Seite auf, ist aber ausführlicher getextet.

Heinz Dauerwald
Diplom-Ingenieur für Umwelttechnik
Stillerzeile 55
12587 Berlin (Köpenick)

Telefon: 030 1117989

geboren am 11.03.1962 in Templin
(Uckermark-Kreis)
verheiratet; 3 Kinder

Meine Kenntnisse, Fähigkeiten und Erfahrungen

Zurzeit im Bereich Zentrale Dienste
für Elektronik, Mechanik, Sensorik, EDV und rechnergesteuerte Verarbeitungsmaschinen

Anwendungsbereite Kenntnisse
in Prozesssteuerung und Automatisierung

Erfahrung beim Aufbau
neuer Organisationsstrukturen und der Realisierung von Projekten

Mehrjährige Erfahrung an Geräten und Anlagen der Prozessanalytik
unter großchemischen Bedingungen

Führungserfahrung,
unter anderem Verantwortung für eine Gruppe von 6 Technikern

Zielorientierte professionelle Arbeitsweise,
insbesondere auch unter erschwerten Arbeitsbedingungen

Wichtige erste Botschaften, 1. Beispiel

Alfred Berning • Musterstraße 94 • 55430 Oberwesel • Tel. 0201 123456

Resümee

Ich bin	ein optimistischer Mensch mit ausgeprägtem Selbstvertrauen und einem hohen Maß an Eigeninitiative. Es ist meine Überzeugung, dass alles wirklich Gewollte im Leben machbar ist. Entscheidungen und Risiken gehe ich nicht aus dem Weg. Auf Ehrlichkeit und Echtheit in Ausdruck und Verhalten lege ich großen Wert. Und noch etwas: Ich habe Humor.
Ich kann	mir Ziele selbst definieren und erreichen, viel leisten, Stress positiv erleben, gut planen und organisieren und mich voll und ganz engagieren.
Ich habe	Berufs- und Lebenserfahrung, ein gut entwickeltes Talent für Kommunikation und den Umgang mit Menschen. Dies macht mich erfolgreich. Dabei habe ich mir die Fähigkeit zur Teamarbeit bewahrt. Neben fachlicher Kompetenz waren für meinen beruflichen Aufstieg vor allem Begeisterungsfähigkeit, Lernbereitschaft und Flexibilität entscheidend.
Ich will	eine Leitungsaufgabe, die meine Kenntnisse fordert, die Handlungsspielraum und Entwicklungschancen bietet, eine Position, in der ich meine Führungsqualitäten einsetzen und weiter ausbauen kann; in einem Unternehmen, mit dem ich mich identifiziere.

↳ Werdegang

Wichtige erste Botschaften, 2. Beispiel

Bewerbung als Marketingassistentin von Christine Lingner

Zuallererst etwas über meine Fachkenntnissse und praktischen Erfahrungen

Marketing/Öffentlichkeitsarbeit

Planung verkaufsfördernder Maßnahmen

Konzeption und Gestaltung von Broschüren und Präsentationen für Messestände, Kundenveranstaltungen etc.

Vorbereitung und Strukturierung von Unterlagen für Vorträge und Kundenbesuche

Organisation von Veranstaltungen

Marktdatenerhebungen und -auswertungen

Wirtschaft und EDV

Betriebswirtschaftliches Studium

Umfangreiche Kenntnisse in der PC-Anwendersoftware unter Windows NT/2000, XP, Apple Macintosh, Mac-OS

Konzeption und Durchführung von Anwenderschulungen für neue Mitarbeiter

Verwaltung der online verfügbaren Dokumentationen

Mitarbeit an der Entwicklung eines Programms für statistische Auswertungen

Projektarbeit

Planung und Organisation eines interinstitutionellen Medienprojekts

Projektüberwachungsaufgaben (Terminüberwachung, Kostenkontrolle)

Koordinierungsaufgaben

Wichtige erste Botschaften, 3. Beispiel

Mannheim, 25. Juli 2010

Lena Lüdecke, 44 Jahre alt

Ich biete Ihnen ...

Problemlösungen in den Bereichen EDV, Marketing und Organisation.
Mein Arbeitsstil ist geprägt durch
- schnelles Auffassungsvermögen
- einen geübten Blick für das Wesentliche
- ein hohes Maß an Selbstständigkeit, Disziplin und Eigenverantwortung
- die Fähigkeit, schnell innovative Lösungen zu finden.

Beruflicher Hintergrund

seit 11/2003	Telefonseelsorge Mannheim e.V. Spendenmarketing, Öffentlichkeitsarbeit und Organisation bei der Vorbereitung der Jubiläumsfeierlichkeiten; Aufrüstung der EDV-Anlage, Systemoptimierung und Schulung der Mitarbeiter
2002 – 2003	Fortbildung bei der Deutschen Kaufmännischen Akademie Schwerpunkte Marketing und EDV
1998 – 2000	Berufsbegleitende EDV-Weiterbildung an der FU Berlin
1998 – 2000	Sachbearbeiterin mit EDV-Systembetreuung beim Sanitätshaus Schlau. Einführung und Optimierung der EDV
1996	Umsiedlung nach Berlin Mitarbeit in der Abteilung Reha beim Sanitätshaus Schlau
1996	Mitarbeit bei der Verlagsdruckerei Projekt 88 in Zürich Organisation, EDV, Grafik, Satz und Fotografie
	Leiterin der Bildredaktion bei der Zeitung „Nachricht" in Zürich
1993 – 1995	Geburt unserer Tochter Jenny und Unterbrechung der Berufstätigkeit für zwei Jahre
1989 – 1993	Sachbearbeiterin bei einer Aral-Raststätte in Zürich

Lena Lüdecke, Bewerbungsunterlagen

Wichtige erste Botschaften, 4. Beispiel

2. Beispiel

Hier handelt es sich schon um eine wirklich starke Werbetextbotschaft. So etwas kostet viel Zeit, wenn es gut sein soll. Falls Sie diese nicht haben, verzichten Sie besser darauf.

3. Beispiel

An den Anfang gesetzt, eventuell nach einem Deckblatt, kann man so die Aufmerksamkeit des Lesers wecken.

4. Beispiel

Dieses Beispiel verknüpft hier das Angebot mit den ersten Werdegangdaten. Sie sehen die komplette Bewerbungsmappe auf S. 60.

LEBENSLAUF

Beim sogenannten Lebenslauf handelt es sich eher um Ihren beruflichen Werdegang. Er ist das Kernstück Ihrer Bewerbungsmappe. Auf diesen Seiten zeigen Sie Ihre Berufsstationen, die bisherigen Tätigkeiten und Verantwortungsbereiche, Ihre berufliche Entwicklung, den Ausbildungsgang und ggf. Weiterbildungsmaßnahmen, Interessenschwerpunkte und Hobbys. Ob Sie dabei alles auf eine Seite schreiben oder zwei, drei, sogar vier Seiten verwenden, bleibt Ihnen überlassen. Wie hier die Gestaltung und Abfolge der Inhalte aussehen können, erläutern wir Ihnen ausführlich auf den Seiten 78 ff.

Hier nur kurz drei Beispiele:

1. Beispiel

Eine sehr ästhetische Gestaltungsvariante, die dem Leser alle wichtigen Daten gut vor Augen führt und dabei der Bewerberin zu einem exzellenten Standing verhilft.

2. Beispiel (s. S. 54)

Kaum zu übertreffen, alle Berufsstationen plus Spezialkenntnisse und Ausbildung werden prägnant und überzeugend präsentiert.

3. Beispiel (s. S. 54)

Hier nun eine etwas kreativere Variante des beruflichen Werdegangs. Sie sehen: Sowohl gestalterisch als auch inhaltlich gibt es vielfältige Möglichkeiten bei der Erstellung Ihres Lebenslaufes.

Fiona Siegel
Freibadweg 109
16341 Röntgenthal
Telefon: 07980 33667

Berufstätigkeit

seit 01.10.2002	Technische Angestellte/Gewährleistungssachbearbeiterin bei der Auto Allround Ersatzteil GmbH, Ludwigsfelde • Abwicklung von Gewährleistungs- und Kulanzanträgen • Systemunterstützte Antragsbearbeitung am Terminal • Prüfung von Schadensteilen/Qualitätsanalyse • Koordinierung von Rückrufaktionen verschiedener Hersteller • Regressierung abgelehnter Gewährleistungsteile • Kunden- und Lieferanten-Management
01.10.2000–30.09.2001	Familienpause
01.01.1997–30.09.2000	Kaufmännische Mitarbeiterin beim ADAC Berlin-Brandenburg • Mitgliederbetreuung • Koordination der Zusammenarbeit mit DEKRA und TÜV • Messestandbetreuung • Unterstützung der Organisation von Messeauftritten, Rallyes und dem ADAC-Jahresball in Berlin
01.09.1993–31.12.1996	Industriekauffrau für Maschinenbau Müller-Metallhandel GmbH, Berlin • Bestellung von Maschinenbauteilen aus Stahl und Kunststoff • Fakturierung und Auslieferung an Kunden • Bestandspflege und Kunden-Neuakquisition

Lebenslauf, 1. Beispiel

Fiona Siegel
Freibadweg 109
16341 Röntgenthal
Telefon: 07980 33667

Bildung und Schule

2005	Fortbildung Vertrieb und Marketing Marketingakademie Teltow
2003	Fortbildung im Qualitätsmanagement DEKRA Berlin
1993	Übersiedlung nach Berlin (West)
1990–1993	Ausbildung zur Industriekauffrau mit Abitur in Zwickau
1980–1990	POS Zwickau – Abschluss: mittlere Reife

Kenntnisse / Erfahrungen / Interessen

anwenderbereite Kenntnisse gängiger Software unter Windows XP

sehr gute Kenntnisse des Ersatzteilangebotes für PKW und Nutzfahrzeuge, besonders der Marken VW, BMW und Fiat

sehr gute Englischkenntnisse in Wort und Schrift

Akquisitionserfahrungen

Mitglied im Oldtimer-Club Ludwigsfelde, Veranstaltungsorganisation

Führerschein PKW und LKW

Personenbeförderungsschein

begeisterte Oldtimer-Rallye-Fahrerin

Röntgenthal, 31.05.2010

Fiona Siegel

Lebenslauf, 1. Beispiel

Heinz Dauerwald, Stillerzeile 55, 12587 Berlin, Telefon: 030 1117989

Lebenslauf

Berufspraxis

01/1997 bis jetzt

- **Spezialist** für Elektronik, Mechanik, EDV und rechnergesteuerte Verarbeitungsmaschinen (Projektmanagement); Instandhaltung in mittleren Unternehmen der Filmtechnik
- Inbetriebnahme, Wartung und Reparatur vollautomatischer Anlagen der Produktlinien
- Mikrorechnereinsatz in Büro und Produktion/Systemadministration
- Erstellung diverser EDV-Programme für Büroorganisation
- Führungserfahrung (6 Techniker)

10/1993 – 12/1996

- **Mitarbeiter** für Prozesssteuerung in der Chemie/EDV, Chemische Werke Leuna, Gruppe Verfahrenstechnik
- Projekt der rechnergeführten Polymerisation zur Qualitätsstabilisierung von Lacken
- Maßstabsübertragung vom Labor über Technikum in Produktionskessel
- Erarbeitung von Wirtschaftlichkeitsanalysen
- Konstruktion eines Reinigungsroboters
- Projektadaptierung und Optimierung verfahrenstechnischer EDV-Programme mit neuen IBM-kompatiblen Rechnern

09/1991 – 09/1993

- **Mitarbeiter** für Prozessautomatisierung und Verfahrenstechnik, Chemische Werke Leuna, Abteilung Prozesssteuerung und Automatisierung
- Konzeption und Realisierung multivalent nutzbarer Technikumsanlagen für organische Spezialprodukte
- Deutliche Ausbeuteerhöhung von Hochpolymeren durch automatische Reaktorsteuerung
- Verbesserung technisch-organisatorischer Abläufe durch Planung, Beschaffung und Einsatzzuordnung von Arbeits- und Betriebsmitteln
- Zusätzliche Profilierung im pädagogischen Bereich: Lehrtätigkeit „Mathematik für Meister-Klassen"

09/1988 – 08/1991

- **Fachingenieur** für automatische Analysengeräte, Chemische Werke Leuna
- Erfolgreiches Projektmanagement bei automatischen Analysenmessanlagen für einen neuen Betriebsteil nach kürzester Einarbeitung
- Termingerechte Ablauforganisation und Mängelbeseitigung
- Anleitung und Beaufsichtigung des Wartungspersonals
- Führungserfahrung (5 Facharbeiter)

Lebenslauf, 2. Beispiel

Heinz Dauerwald, Stillerzeile 55, 12587 Berlin, Telefon: 030 1117989

Spezialkenntnisse

12/1987 – 12/2000

- Verschiedene **Lehrgänge** für die Bereiche:
  Chemische Reaktionskinetik,
  Prozessanalyse/Automatisierungstechnik,
  Verfahrenstechnische Grundlagen
- Praktische und Projekterfahrung mit der SPS-SIMATIK S 5
- Praktische und theoretische Erfahrungen in der Prozessanalytik, Automatisierungstechnik
  Gute **Kenntnisse** im Computer-Operating;
  Systemadministrator für UNIX, Linux, VMS,
  PDP-11/RSX (MOOS 1600),
  IBM-360/370, VAX/VMS
- Anwendungsbereite **Erfahrungen** der Sprachen:
  C++, FORTRAN, PL/1, TSO, T-PASCAL, BASIC

Studium und Schule

09/1984 – 07/1988

- TH Halle, Fachrichtung Elektrotechnik,
  Diplom-Ingenieur für Messtechnik

09/1972 – 06/1984

- Besuch der Oberschule, **Abitur**
- **Sprachen:** Englisch, Russisch

Interessen und Hobbys

- Reisen in Portugal und Spanien, Rad fahren, Schwimmen

Berlin, 19.03.2010

Heinz Dauerwald

Lebenslauf, 2. Beispiel

Silke Uhland **LEBENSLAUF**

geboren:	5. Januar 1974 in Wanne-Eickel
Familienstand:	ledig und kinderlos, ortsungebunden

Schul- und Hochschulbildung

1980 – 1984	Grundschule
1984 – 1986	Hauptschule
1986 – 1990	Aufbaurealschule
1990 – 1993	Gymnasiale Oberstufe der Gesamtschule Wanne-Eickel
Abitur	
1993 – 1998	Studium der Politischen Wissenschaft, Soziologie und Neueren Deutschen Literatur Abschluss Magister Artium

Um Einblicke in die unterschiedlichen Organisations- und Betriebsstrukturen zu gewinnen, setzte ich mir nach Abschluss meines Studiums das Ziel, in den folgenden fünf Jahren vielfältige Berufserfahrungen zu sammeln. Meine Arbeitsfelder waren bisher:

Kommunikations- und Informationsmanagement

Stadt Düsseldorf: Redaktionelle Mitarbeit bei der Erstellung des Ausstellungskatalogs „Hauptstadt: Residenzen und Stadtentwicklung in der deutschen Geschichte"	10/1998 – 12/1998
Kommission der Europäischen Gemeinschaft, Brüssel: Betreuung der Multimediakampagne zum Euromarkt über die Werbeagentur GfK	01/1999 – 06/1999
Europäisches Parlament, Straßburg: Friedrich-Naumann-Stipendium, Sektion Förderung Postgradualer Studien	10/2000 – 12/2000

Lebenslauf, 3. Beispiel

Öffentliche Verwaltung

Gesamtdeutsches Institut, Berlin: Recherche und Dateierstellung zum Thema „Kulturpolitik in der DDR"	07/1999 – 11/1999
Inter Nationes e. V., Frankfurt: Führung des Referatssekretariats „Kultur"	01/2000 – 03/2000

Personal- und Bildungsarbeit

Carl-Duisberg-Gesellschaft, Köln: Mitarbeit in verschiedenen Projekten zur Wissenschaftsförderung	05/2000 – 02/2001
Oberrhein-Verlag GmbH, Wesel: Assistentin im Projekt „Zukunftsorientierung im Verlagswesen"	07/2001 – 10/2001
Volkswagen, Wolfsburg: Assistentin des Personalmanagers Europäische Union	01/2002 – 09/2006

Verkauf/Vertrieb

BASF Lacke + Farben AG, Heidelberg: Abteilungsleiterin in der Sektion „Refinish"	10/2006 – 03/2009

Fortbildung

Institut für Datenverarbeitung und Betriebswirtschaft, Hannover: Grundlagenkurs „Betriebswirtschaft, Spezialisierung, Personalwesen"	04/2009 – 03/2010
London Chamber of Commerce and Industry: English for Business	10/2009

Hobbys

Schwimmen
Segeln
Kunststudien über den Maler Marc Chagall

Silke Uhland

Mainz, 13. März 2010

Lebenslauf, 3. Beispiel

DRITTE SEITE

Mit einer besonderen Botschaft kann man an dieser Stelle wieder Werbung in eigener Sache machen. Voraussetzung: Sie haben wirklich etwas Essenzielles mitzuteilen. Gut getextet und vor allem kurz und prägnant sollte es auch hier zur Sache gehen. Gar nicht so einfach, aber dafür ungemein wirkungsvoll, wenn es gut gemacht wird. Dazu zeigen wir Ihnen zwei Beispiele. Ausführlich gehen wir auf dieses Thema ab Seite 89 ein.

1. Beispiel

Ein netter Aufmacher, und trotzdem: Alles bleibt Ihrem persönlichen Geschmack überlassen. Wir wissen, wie erfolgreich dieser Text in der Realität gewirkt hat.

2. Beispiel

Noch pointierter geht es kaum. Ebenso, ja fast noch erfolgreicher war dieser Kandidat, der sich so präsentierte. Übrigens muss dieser Text nicht immer unterschrieben werden. Entscheiden Sie, was Ihnen besser gefällt.

Heinz Dauerwald, Stillerzeile 55, 12587 Berlin, Telefon: 030 1117989

Warum ich mich bewerbe?

Die Fähigkeit zum konzeptionellen Arbeiten und mein Organisationstalent habe ich besonders beim Aufbau einer neuen Abteilung Prozesssteuerung mehrfach unter Beweis gestellt. Ich bin es gewohnt, selbstständig und im Team zu arbeiten, und weiß, dass meine bisher gezeigte Einsatzbereitschaft und kreative Flexibilität beim Lösen unterschiedlichster Problemfälle erfolgreich waren.

Engagement und Belastbarkeit gehören zu meinen Persönlichkeitsmerkmalen. In einem für die Kreativität förderlichen Unternehmensklima konnte ich mit innovativen, kostenbewussten und termingerechten Lösungen überzeugen. Teamkollegen schätzen meine Hilfsbereitschaft und die Fähigkeit, neue Sachverhalte schnell zu erfassen und umzusetzen.

Als praxiserprobter Ingenieur vom Fach beherrsche ich alle „Register", von der Improvisation bis zur Perfektion, in der Verantwortung für die Sicherheit von Technik und Umwelt.

... um etwas zu bewegen!

Berlin, 19. März 2010

Heinz Dauerwald

Dritte Seite, 1. Beispiel

Stefan Pröll, Diplom-Betriebswirt, Mommsenstr. 73, 10629 Berlin

Wie ich wurde, was ich bin

Meine privaten und beruflichen Aufenthalte in angelsächsischen Ländern, wie den USA und Australien, prägten nachhaltig meinen Wunsch, in einem amerikanisch geführten Unternehmen zu arbeiten.

In elf Jahren vielseitiger IBN-Erfahrung, zunächst als Trainee und später als Gebietsleiter im Vertrieb, konnte ich mir einen sehr guten Überblick über das Zusammenspiel der verschiedenen Bereiche in einem Unternehmen erarbeiten. Mit Kundenkontakten auf jeder Ebene, Verkauf und Logistik bin ich bestens vertraut. Umsatz- und Marketingziele sind für mich persönliche Herausforderungen, denen ich mich gern und mit hohem Engagement stelle.

Teamgeist, Durchsetzungsvermögen und Lernbereitschaft kennzeichnen mich ebenso wie meine Fähigkeit, guten Kontakt zu Mitmenschen aufzubauen, um gemeinsam mit ihnen etwas zu bewegen, zu erreichen.

Dritte Seite, 2. Beispiel

Anlagen / Inhaltliche Gliederung:

Arbeitszeugnisse / Referenzen:

- Hotel „Weingut König“, Trier
- „ABC“-Hotel GmbH, Berlin
- Hotel „Astro“, Wiesbaden
- Hotel-Restaurant „Poch“, Bellingen
- REWE-Süd-Großhandel, Spellbach
- Hotel-Restaurant „Rössle“, Waldenburg
- Hotel „Hirsch“, Fellbach
- Dienstzeugnis Bundeswehr
- Höhenhotel „Berghaus“, Wesslingen/Neckar

Seminare / Praktika:

- Grundkurs Excel
- Grundkurs MS-Windows
- Produkt-Marketing und -Werbung
- Controlling
- Strategische Unternehmensführung
- Anerkannter Fachberater für deutschen Wein
- Praktikumszeugnis Hotel „Astro“
- Praktikumszeugnis Hotel „v. Korff“

Schulzeugnisse:

- Hotelwirtschaftsschule, Berlin
- Ausbildereignungsprüfung, IHK Berlin
- Berufsoberschule, Bellingen
- Fachgehilfenbrief zum Koch

Anlagenverzeichnis, 1. Beispiel

Anlagen

Zeugnis der Volkswagen AG, Wolfsburg

Zeugnis der BASF Lacke + Farben AG, Heidelberg

Zeugnis zur Studie „Zukunftsorientierung im Verlagswesen im Oberrhein-Verlag GmbH, Wesel“

Zeugnisse des Instituts für Datenverarbeitung und Betriebswirtschaft, Hannover

Zeugnis der Carl-Duisberg-Gesellschaft, Köln

Certificate der London Chamber of Commerce and Industry

Kopie des Magister-Artium-Examens

Anlagenverzeichnis, 2. Beispiel

ANLAGENVERZEICHNIS

Ein Verzeichnis der Anlagen ist eine lese- und servicefreundliche Geste, die hinter den Lebenslauf bzw. die Dritte Seite, also genau vor die Anlagen gehört. Sie listet die beigefügten Kopien (Arbeits- und Ausbildungszeugnisse) auf und ermöglicht so den schnellen Überblick. Der eilige Leser sieht sofort, was ihn davon besonders interessiert, ohne erst Seite für Seite den ganzen Stapel durchsehen zu müssen.

Kommentar zum 1. und 2. Beispiel

Es gibt viele Möglichkeiten, das Anlagenverzeichnis übersichtlich zu gestalten. Entscheidend bleibt, dass Sie eins anbieten. Das ist sehr lesefreundlich und zeigt Ihr gutes Organisationstalent.

ARBEITS- UND AUSBILDUNGS-ZEUGNISSE

Nun folgen zum Abschluss die wichtigsten Arbeitszeugnisse, Ausbildungsbescheinigungen und andere Erklärungen wie z. B. Referenzadressen, die Sie Ihrer Bewerbungsmappe beilegen wollen und auf die wir hier nicht näher eingehen. Anhand der Anlagenverzeichnisse sehen Sie, wie man seine Zeugnisse präsentieren kann. Dabei gilt in der Regel: das aktuellste zuerst und dann chronologisch rückwärts vorgehen. Auch wichtig: Wer zu viel Papier und dazu noch unwichtige Dokumente beifügt (z. B. Freischwimmerzeugnis etc.), disqualifiziert sich selbst, lässt er doch den Blick für das Wesentliche schmerzlich vermissen.

Und weiter geht's: Nun folgen zwei ausführliche Bewerbungsmappenbeispiele wieder in der Vorher-nachher-Version.

Lena Lüdecke
Föhrenweg 38
68305 Mannheim
Tel.: 0621 2579514

Rohloff Marketing GmbH
Herrn Dr. Wolfgang Tiedig
Cäsariusstr. 89
53173 Bonn

25. Juli 2010

Bewerbung um eine Stelle in Ihrem Hause

Sehr geehrter Herr Dr. Tiedig,

wie ich bereits Herrn Kupfer am Telefon mitgeteilt habe, möchte ich mich um eine Stelle in Ihrem Unternehmen bewerben. Wie besprochen übersende ich Ihnen nun meine Bewerbungsunterlagen, damit Sie sich ein Bild von mir machen können.

Ich bin eine EDV-Fachfrau mit weiteren Kenntnissen im Bereich Marketing und Organisation. Meine Hobbys sind Fotografie und Computergrafik, die mir für meine beruflichen Tätigkeiten sehr nützlich sind. Des Weiteren zeichne ich mich durch große Selbstständigkeit und hohe soziale Kompetenz aus. Den genauen Ausbildungs- und Berufsgang können Sie dem beigefügten Lebenslauf entnehmen.

Aus persönlichen Gründen möchte ich gern von Mannheim nach Bonn übersiedeln und sehe in einer Position in Ihrem Unternehmen eine gute Möglichkeit, meine fachlichen Fähigkeiten mit Engagement und Motivation in Ihrem Hause unter Beweis zu stellen.

Ich bin flexibel einsetzbar und würde mich sehr freuen, wenn Sie mich zu einem Vorstellungsgespräch einladen würden.

Mit freundlichem Gruß

Lena Lüdecke

Lena Lüdecke / 1., schlechte Version / Anschreiben (Kommentar auf Seite 65)

Lebenslauf

Lena Lüdecke
Föhrenweg 38
68305 Mannheim
Tel.: 0621 2579514
E-Mail: lena.luedecke@gmx.de
http://www.luedecke.de

geboren am 04. August 1966 in Zürich
schweizerische Staatsangehörigkeit
verheiratet

Schulbildung

1972 – 1982	Grund- und Hauptschule
1982 – 1985	Berufsbildende Fachoberschule, Ausbildung zur technischen Zeichnerin
1985 – 1987	Technische Fachhochschule Zürich Zugangsprüfung zur technischen Fachhochschule Abschluss (Abitur) als Industriekauffrau

Weiterbildung

1998 – 2000	Freie Universität Berlin Berufsbegleitende Weiterbildung „EDV-Anwendung in der kaufmännischen Sachbearbeitung" mit IHK-Abschluss
2002 – 2003	Deutsche Kaufmännische Akademie Berlin Fortbildung „Kaufmännische Fachkraft"

berufliche Tätigkeiten

1989 – 1993	Aral-Raststätte in Zürich Sachbearbeiterin
1996	Verlagsdruckerei Projekt 88 in Zürich Mitarbeit in Organisation, EDV, Grafik, Satz u. Fotografie Leiterin der Bildredaktion
1996 – 2000	Sanitätshaus Schlau in Berlin Sachbearbeiterin mit EDV-Systembetreuung

Lena Lüdecke / 1., schlechte Version / Lebenslauf (Kommentar auf Seite 65)

	Einführung und Optimierung der EDV
seit 11/03	Telefonseelsorge Mannheim e.V. Systemoptimierung/Aufrüstung der EDV-Anlage Schulung der Mitarbeiter Öffentlichkeitsarbeit/Spendenmarketing Organisation und Vorbereitung der Jubiläumsfeierlichkeiten

Besondere Kenntnisse

EDV	Betriebssystem Windows XP Alle gängigen Anwendungsprogramme: Winword, Excel, Access Programmierumgebung Borland Turbo Pascal
Fotografie und Sprachen	Englisch, Italienisch, Französisch, Spanisch

Mannheim, 27. Juli 2010

Lena Lüdecke

Lena Lüdecke / 1., schlechte Version / Lebenslauf (Kommentar auf Seite 65)

lena lüdecke

föhrenweg 38 68305 mannheim 0621 2579514

l. lüdecke, föhrenweg 38, 68305 mannheim

Herrn
Dr. Wolfgang Tiedig
Rohloff Marketing GmbH
Cäsariusstr. 89
53173 Bonn

Mannheim, 25. Juli 2010

Bewerbungsunterlagen

Sehr geehrter Herr Dr. Tiedig,

auf Empfehlung von Herrn Oppermann wende ich mich direkt an Sie und überreiche Ihnen meine Bewerbungsunterlagen.

Aus persönlichen Gründen strebe ich eine Tätigkeit im Raum Bonn an.

Meine Arbeits- und Fähigkeitsschwerpunkte liegen auf den Gebieten EDV, Marketing und Organisation sowie Öffentlichkeitsarbeit.

Über die Gelegenheit zu einem persönlichen Gespräch würde ich mich sehr freuen.

Mit freundlichen Grüßen

Anlagen

Lena Lüdecke / 2. Version / Anschreiben **(Kommentar auf Seite 65)**

Bewerbungsunterlagen

für Herrn Dr. Wolfgang Tiedig
Rohloff Marketing GmbH

von Lena Lüdecke, EDV-Fachfrau
Föhrenweg 38, 68305 Mannheim
Tel.: 0621 2579514
E-Mail: l.luedecke@gmx.de
www.luedecke.de

geboren am 04. August 1966
in Zürich

schweizerische Staatsangehörigkeit

ortsunabhängig

Lena Lüdecke / 2. Version / Deckblatt (Kommentar auf Seite 65)

Mannheim, 25. Juli 2010

Lena Lüdecke, 44 Jahre alt

Ich biete Ihnen ...

Problemlösungen in den Bereichen
EDV, Marketing und Organisation.
Mein Arbeitsstil ist geprägt durch
- schnelles Auffassungsvermögen
- einen geübten Blick für das Wesentliche
- ein hohes Maß an Selbstständigkeit, Disziplin und Eigenverantwortung
- die Fähigkeit, schnell innovative Lösungen zu finden

Beruflicher Hintergrund

seit 11/2003	Telefonseelsorge Mannheim e.V. Spendenmarketing, Öffentlichkeitsarbeit und Organisation bei der Vorbereitung der Jubiläumsfeierlichkeiten; Aufrüstung der EDV-Anlage, Systemoptimierung und Schulung der Mitarbeiter
2002 - 2003	Fortbildung bei der Deutschen Kaufmännischen Akademie Schwerpunkte Marketing und EDV
1998 - 2000	Berufsbegleitende EDV-Weiterbildung an der FU Berlin
1998 - 2000	Sachbearbeiterin mit EDV-Systembetreuung beim Sanitätshaus Schlau. Einführung und Optimierung der EDV
1996	Umsiedlung nach Berlin Mitarbeit in der Abteilung Reha beim Sanitätshaus Schlau
1996	Mitarbeit bei der Verlagsdruckerei Projekt 88 in Zürich Organisation, EDV, Grafik, Satz und Fotografie
	Leiterin der Bildredaktion bei der Zeitung „Nachricht" in Zürich
1993 - 1995	Geburt unserer Tochter Jenny und Unterbrechung der Berufstätigkeit für zwei Jahre
1989 - 1993	Sachbearbeiterin bei einer Aral-Raststätte in Zürich

Lena Lüdecke, Bewerbungsunterlagen

Lena Lüdecke / 2. Version / Lebenslauf (Kommentar auf Seite 65)

Mannheim, 25. Juli 2010

	Schulbildung
1985 – 1988	Zugangsprüfung zur technischen Fachhochschule Abschluss (Abitur) als Industriekauffrau
1982 – 1985	Berufsbildende Fachoberschule Ausbildung zur technischen Zeichnerin
1972 – 1982	Grund- und Hauptschule in Zürich
	Weiterbildung
2003	Deutsche Kaufmännische Akademie Berlin: „Kaufmännische Fachkraft mit den Schwerpunkten Marketing, EDV, allgemeine Betriebswirtschaftslehre mit Finanzbuchhaltung" Abschlussnote 1,4
2000	Weiterbildung an der Freien Universität Berlin „EDV-Anwendung in der kaufmännischen Sachbearbeitung" Abschlussprüfung bei der IHK Berlin: Abschlussnote 1,2
	Besondere Kenntnisse
EDV	vertiefte Kenntnisse der Betriebssysteme Windows NT und XP LAN- und DFÜ-Netzwerk unter Windows 98, NT und XP umfassende Kenntnis des Betriebssystems MS-DOS sehr gute Kenntnis der Umgebung Windows 3.11 alle gängigen Anwendungsprogramme: Winword, Excel, Access vertiefte Erfahrungen im Einsatz von Corel Draw und bei der Herstellung von grafischen Erzeugnissen Adobe Photoshop, QuarkXPress Programmierumgebung Borland Turbo Pascal
Fotografie	berufliche Erfahrungen bei der Zeitung und im Verlagswesen, Reportage und Illustration mehrere Ausstellungen von digital verfremdeten Bildern
Sprachen	Englisch, Italienisch, Französisch, Spanisch
Hobbys	Computergrafik, Verfremdung von Bildern, Fraktalgrafik, Multimedia, Fotografieren und Bergwanderungen in den Alpen
Beruflich ...	**bin ich flexibel und offen für** • *projektbezogene oder globale Aufgaben* • *Voll- oder Teilzeitbeschäftigung* • *freie oder feste Mitarbeit.*

Mannheim, 25. Juli 2010 Lena Lüdecke

Lena Lüdecke, Bewerbungsunterlagen

Lena Lüdecke / 2. Version / Lebenslauf (Kommentar auf Seite 65)

Mannheim, 25. Juli 2010

Verzeichnis der Zeugnisse

Zwischenzeugnis der Telefonseelsorge Mannheim e.V.

Zeugnis der Deutschen Kaufmännischen Akademie

Prüfungszeugnis der IHK zu Berlin

Arbeitszeugnis der Firma Schlau

Abiturzeugnis

Lena Lüdecke, Bewerbungsunterlagen

Lena Lüdecke / 2. Version / Anlagenverzeichnis (Kommentar auf Seite 65)

ZU DEN UNTERLAGEN VON LENA LÜDECKE

1. Version

Ein absolut langweiliges Layout, ein eigentlich überhaupt nicht gestalteter Brief transportiert das namentlich adressierte (wenigstens dieser Fehler wurde vermieden) **Anschreiben**. Dafür fehlt der Ort beim Datum. Erst beim Lesen des zweiten Absatzes wissen wir: Hier handelt es sich um eine EDV-Fachfrau. Da wäre doch wohl eine E-Mail-Adresse, besser noch der direkte Hinweis auf ihren beruflichen Hintergrund das Mindeste, was man erwarten dürfte. Satzanfangswiederholungen, aber auch ungeschickte Formulierungen, eine eher unglückliche Motivationsangabe, der verwendete Konjunktiv im letzten Absatz, nur ein singulärer Gruß sowie ein fehlender Hinweis auf die Anlage lassen auch für das weitere Studium der Unterlagen nichts Gutes erwarten.

Der sich auf zwei Seiten erstreckende **Lebenslauf** präsentiert die persönlichen Daten auf recht angenehme Weise (nicht »Name:«, »Str.«, »Ort:« etc.) sowie die bereits vermisste E-Mail-Adresse. Er fängt klassisch chronologisch mit der Schulbildung an, reißt aber die beruflichen Tätigkeiten auseinander und setzt sogar eine letzte Zeile an den Anfang der neuen Seite. Sehr ungeschickt dieser Seitenumbruch und genau in diesem Abschnitt auch noch eine nicht erklärte Lücke (1994–1995). Wir erfahren nur Spärliches über die EDV-Kenntnisse, auch nichts über Hobbys oder andere Interessen der Kandidatin, die aber bereits im Anschreiben (leider der falsche Ort) erwähnt wurden. Lediglich das Stichwort Fotografie und die beeindruckenden Sprachkenntnisse tauchen am Ende auf, leider mit einem Datum, das nicht mit dem Anschreibedatum korrespondiert.

2. Version

Jetzt wird klar: eine Art Initiativbewerbung, die sich im Anschreiben auf eine persönliche Empfehlung bezieht, die Bewerbungsmotive benennt und kurz und knapp auf den Punkt bringt, was die Kandidatin anzubieten hat. Sie zeigt uns, wie ein gelungener, prägnanter Auftakt aussehen kann. Die außergewöhnliche Briefkopfgestaltung (Kleinschreibung) fällt durchaus positiv auf, ist aber sicherlich Geschmackssache. Insgesamt eine gute Demonstration, dass sich das **Anschreiben** auf wenige Zeilen beschränken kann, wenn man weiß, was man vermitteln will, und die folgenden Unterlagen entsprechend aufbereitet sind.

Das **Deckblatt** übernimmt bereits Informationsfunktionen, die traditionell der Lebenslauf hatte. Auch auf dieser Seite wäre ein Foto denkbar.

Die nun folgenden zwei Seiten (ohne Lebenslaufbetitelung, was völlig o.k. ist) sind in der Dramaturgie äußerst interessant gestaltet und übermitteln wichtige Informationen auf höchst angenehme Weise. Besser kann man einen Überblick über den eigenen **Werdegang** kombiniert mit wichtigen »Werbebotschaften« und konkreten Arbeitsangeboten kaum gestalten. Das **Foto** vermittelt, obwohl eher klassisch, den Eindruck, die Kandidatin spricht mich als Leser direkt an. Das schafft Sympathie und Interesse. Auch die Fußzeile macht sich sehr gut. Die Geburt der Tochter und der Erziehungsurlaub sind gut platziert.

Das **Verzeichnis** ist sehr kurz, die beigefügten Zeugnisse sind hier wieder weggelassen. Übrigens sollten Sie stets mit blauer Tinte unterschreiben, was aus drucktechnischen Gründen hier nicht dargestellt werden kann.

Einschätzung: Ein sehr gelungenes Beispiel in Form eines überzeugenden Beweises für Eigeninitiative. Eine außergewöhnlich interessante Präsentationsform der eigenen »Werbebotschaft«.

Vorsicht! 1., schlechte Version

Dirk Dernbach
Hranitzkystr. 45
12277 Berlin
Tel.: 030 1238973
E-Mail: Dirk.Dernbach@t-online.de

12. August 2010

Gottschalk und Partner GmbH & Co. KG
Personalabteilung
Hackescher Markt 21
D – 10178 Berlin

Initiativbewerbung als Bereichsleiter Qualitätsmanagement

Sehr geehrte Damen und Herren,

ich möchte mich als Ingenieur für die Position Bereichsleiter Qualitätsmanagement bewerben. Ich glaube, dass ich mit meinen Kenntnissen und Fähigkeiten erfolgreich Ihren Betrieb unterstützen könnte.

Nach meiner Lehre als Betriebsschlosser habe ich an der Technischen Fachhochschule Maschinenbau studiert und mich bei der „Deutschen Gesellschaft für Qualität“ zum Qualitätsfachingenieur weitergebildet. Praktische Erfahrungen habe ich insbesondere durch den Aufbau eines QM-Systems und die Einleitung des Zertifizierungsverfahrens nach DIN EN ISO 9001 erworben. Meine Sprachkenntnisse in Englisch verbesserte ich ebenfalls außerhalb meines Dienstes an der Berlitz School. Sehr gute PC-Anwenderkenntnisse kann ich ebenfalls vorweisen.

In meiner derzeitigen Tätigkeit als Abteilungsleiter QM habe ich gezeigt, dass ich mich eigenverantwortlich, teamorientiert und mit Engagement für die Sache der Qualität einsetzen kann. Aufgrund von konzernweiten Umstrukturierungsmaßnahmen und der Dezentralisierung des Qualitätswesens entfällt leider mein Arbeitsplatz zum 30.09.2010.

Den ausführlichen beruflichen Werdegang entnehmen Sie bitte den beigefügten Bewerbungsunterlagen. Über eine Einladung zu einem persönlichen Gespräch würde ich mich sehr freuen und stehe Ihnen jederzeit zur Verfügung.

Mit freundlichen Grüßen

Dirk Dernbach

Anlage: Bewerbungsmappe

PS: Vom 18.08.2010 bis 24.08.2010 nehme ich am Auditorenlehrgang der DGQ in Dortmund teil.

Dirk Dernbach / 1., schlechte Version / Anschreiben **(Kommentar auf Seite 77)**

Bewerbungsunterlagen

Dirk Dernbach
Berlin

zur Vorlage bei
Gottschalk und Partner GmbH & Co. KG
Berlin

als
Bereichsleiter Qualitätsmanagement

Dirk Dernbach / 1., schlechte Version / Deckblatt (Kommentar auf Seite 77)

Lebenslauf

1 Persönliche Daten

Name:	Dirk Dernbach
Anschrift:	Hranitzkystr. 45
Tel.:	030 1238973
Geboren am:	09. September 1966
Geburtsort:	Frankfurt am Main
Familienstand:	Lebensgemeinschaft mit einer Bibliothekarin
Hobbys:	Schach, fernöstliche Philosophie, Tai Chi Chuan

2 Berufspraxis

2.1 Betriebsschlosser

Firma: Müller Metallbau, Hannover
ABC Industrie- und Stahlbau GmbH, Hannover
Ferrotec Metall- und Messebau, Berlin
Beschäftigt: von 10/1984 bis 10/1991
Aufgaben:
- Reparatur und Wartung von Werkzeugmaschinen

2.2 Gruppenleiter Qualitätssicherung

Firma: Energie GmbH, Werk Bremen
Produkte: Starterbatterien, Industriebatterien, Traktionsbatterien dryfit
Beschäftigte: 250
Führung: 10 Mitarbeiter
Beschäftigt: von 05/1997 bis 12/2003
Aufgaben:
- Wareneingangs- und Fertigungsprüfungen
- Aufbau eines Qualitätssicherungssystems
- Statistische Auswertung von Messdaten
- Beschaffung von Prüf- und Messmitteln
- Erstellung von Verfahrens- und Prüfanweisungen
- Mitarbeit beim Aufbau eines QS-Systems im Werk Spanien

Dirk Dernbach / 1., schlechte Version / Lebenslauf (Kommentar auf Seite 77)

2.3 Abteilungsleiter Qualitätswesen

Firma: IKROM AG, Berlin
Produkte: Mechanische und elektronische Zylinderschlösser, Schließanlagen, Kastenschlösser und Schutzbeschläge
Beschäftigte: 500, Umsatz: 200 Mio.
Führung: 15 Mitarbeiter, Berichterstattung: an den Vorstand
Beschäftigt: seit 01/2004
Aufgaben:

- Qualitätsplanung, Qualitätstechnik und Qualitätsberichterstattung
- Wareneingangs-, Fertigungs- und Endprüfungen
- Aufbau und Pflege eines QM-Systems nach DIN EN ISO 9001
- Vorbereitung der Zertifizierung des QM-Systems
- Durchführung von internen und externen Qualitätsaudits
- Durchführung von betriebsinternen Qualitätsschulungen
- Projektmanagement im Bereich Qualitätssicherung
- Einführung von Arbeitsgruppen zur Entwicklung des Qualitätsbewusstseins in Richtung TQM
- Mitarbeit bei Einführung von Fertigungsinseln, Lean Management und anderen Restrukturierungsmaßnahmen

3 Ausbildung

3.1 Schul- und Berufsausbildung

05/1981 bis 08/1984 — Lehre als Betriebsschlosser, Fa. Mahnwald, Hannover
Abschluss: Facharbeiter

10/1991 bis 02/1993 — Fachoberschule, Hannover
Abschluss: Fachhochschulreife

03/1993 bis 07/1996 — Technische Fachhochschule (TFH), Hannover
Fachrichtung Maschinenbau
Abschluss: Diplom-Ingenieur

3.2 Fortbildung

11/1996 bis 05/1997 — REFA-Grundausbildung für das Arbeitsstudium
REFA-Landesverband Hannover e.V., Hannover
Abschluss: REFA-Grundschein

09/1997 bis 03/1999 — Lehrgang: Qualitätstechnik QII
Deutsche Gesellschaft für Qualität (DGQ), München
Abschluss: Qualitätstechniker DGQ

Dirk Dernbach / 1., schlechte Version / Lebenslauf (Kommentar auf Seite 77)

03/2000 bis 07/2002	Lehrgang: Qualitätsmanagement QM Deutsche Gesellschaft für Qualität (DGQ), München **Abschluss:** Qualitätsfachingenieur DGQ
06/2005	Prüfungslehrgang: DGQ-Auditor Deutsche Gesellschaft für Qualität (DGQ), München **Abschluss:** DGQ-Auditor/EOQ Quality Auditor

3.3 Weitere Kenntnisse und Fähigkeiten

seit 2002	PC-Lehrgänge zur Textverarbeitung und Tabellenkalkulation, intensive Beschäftigung mit Textverarbeitung und Tabellenkalkulation („MS Office") und weiteren Windows-Programmen, Grundkenntnisse der EDV und BASIC-Programmierung vorhanden
seit 2005	Mitglied im Verein Deutscher Ingenieure (VDI), Sektionsleiter in Berlin Besuch div. Seminare und Vorträge zu Themen der QS
seit 2006	Verbesserung der englischen Sprachkenntnisse bei Berlitz International Inc., Berlin

Referenzen und Arbeitsproben können bei Interesse vorgelegt werden.

4 Meine praktischen Erfahrungen und Arbeitsweisen

Schulungen zu *Grundlagen und Werkzeugen der QS* und Arbeitsgruppen zur *Entwicklung des Qualitätsbewusstseins* haben sich als wichtige Vorgehensweisen zum Aufbau und zur Weiterentwicklung eines QM-Systems gezeigt. Mit modernen Moderationstechniken wie Metaplantechnik unterstütze ich die eher theoretischen Ausführungen. Mein Ziel ist es, alle Mitarbeiter zu motivieren, dass sie sich für die Sache der Qualität selbst verantwortlich fühlen. Aufgrund meiner Praxis spreche ich „alle Sprachen" innerhalb eines Unternehmens.

Ich vertrete die Sache der Qualität zwar fest, aber mit diplomatischem Geschick durch Überzeugung und Motivation. Meine Mitarbeiter führe ich stets zielstrebig und unter Praktizierung von Teamarbeit. Mit dem notwendigen Maß an Offenheit, Einfühlungsvermögen und Kreativität treibe ich mit aller Kraft die Weiterentwicklung des QM-Systems voran. Gerne beschäftige ich mich mit modernen Qualitätsmanagement- und Führungstechniken sowie statistischen Verfahren. Die betriebsinternen und externen Veröffentlichungen zu QM-Themen gehören dazu.

Berlin, 12. August 2010

D. Dernbach

Dirk Dernbach / 1., schlechte Version / Lebenslauf (Kommentar auf Seite 77)

Berlin, 12. August 2010

Dirk Dernbach, Diplom-Ingenieur (FH)
Hranitzkystr. 45
12277 Berlin
Tel.: 030 1238973
E-Mail: Dirk.Dernbach@t-online.de

Gottschalk und Partner GmbH & Co.KG
Personalabteilung
Frau Dr. Müller-Peters
Hackescher Markt 21
10178 Berlin

Diplom-Ingenieur mit langjähriger Berufserfahrung sucht Herausforderung als Bereichsleiter Qualitätsmanagement

Sehr geehrte Frau Dr. Müller-Peters,

auf Empfehlung von Herrn Volling, mit dem ich gestern telefoniert habe, sende ich Ihnen meine Bewerbungsunterlagen.

Zu meiner Person:
Nach meiner Lehre als Betriebsschlosser habe ich Maschinenbau studiert und mich bei der „Deutschen Gesellschaft für Qualität" zum Qualitätsfachingenieur weitergebildet. Zurzeit bin ich in einem Spezialunternehmen für Schließanlagen als Abteilungsleiter QM tätig.

Mein Wissen und Können im Bereich QM habe ich besonders durch den Aufbau eines QM-Systems und die Einleitung des Zertifizierungsverfahrens nach DIN EN ISO 9001 unter Beweis gestellt. In meiner täglichen Arbeit bin ich es gewohnt, mich eigenverantwortlich, teamorientiert und mit Engagement für die Sache der Qualität einzusetzen. Eine starke Leistungsmotivation gepaart mit hoher Lernbereitschaft rundet mein berufliches und persönliches Profil ab.

Ich wünsche mir neue herausfordernde Aufgaben im Bereich QM und möchte gern einen Beitrag zur Weiterentwicklung Ihres Unternehmens leisten. Wenn ich Ihr Interesse geweckt habe, würde ich mich über eine Einladung sehr freuen.

Mit freundlichen Grüßen

D. Dernbach

Anlage: Bewerbungsmappe

Dirk Dernbach / 2. Version / Anschreiben (Kommentar auf Seite 77)

Bewerbungsunterlagen

Dirk Dernbach
Hranitzkystr. 45
12277 Berlin
Tel. 030 1238973
E-Mail: Dirk.Dernbach@t-online.de

für die
Gottschalk und Partner GmbH
Berlin

als
Bereichsleiter Qualitätsmanagement

Dirk Dernbach / 2. Version / Deckblatt (Kommentar auf Seite 77)

Lebenslauf

1 Persönliche Daten

Dirk Dernbach

Hranitzkystr. 45, 12277 Berlin

Tel.: 030 1238973 / E-Mail: Dirk.Dernbach@t-online.de

Geboren am 9. September 1962 in Frankfurt/Main

Lebensgemeinschaft mit Petra Schneider, Bibliothekarin

Hobbys: Schach, Tai Chi Chuan

Dirk Dernbach / 2. Version / Lebenslauf (Kommentar auf Seite 77)

2 Berufspraxis

2.1 Abteilungsleiter Qualitätswesen

Firma: IKROM AG, Berlin
Produkte: Mechanische und elektronische Zylinderschlösser, Schließanlagen, Kastenschlösser und Schutzbeschläge
Beschäftigte: 500, Umsatz: 200 Mio. EUR
Führung: 15 Mitarbeiter, Berichterstattung an den Vorstand
Beschäftigt: seit 01/2004
Aufgaben:
- Qualitätsplanung, Qualitätstechnik und Qualitätsberichterstattung
- Wareneingangs-, Fertigungs- und Endprüfungen
- Aufbau und Pflege eines QM-Systems nach DIN EN ISO 9001
- Vorbereitung der Zertifizierung des QM-Systems
- Durchführung von internen und externen Qualitätsaudits
- Durchführung von betriebsinternen Qualitätsschulungen
- Projektmanagement im Bereich Qualitätssicherung
- Einführung von Arbeitsgruppen zur Entwicklung des Qualitätsbewusstseins in Richtung TQM
- Mitarbeit bei Einführung von Fertigungsinseln, Lean Management und anderen Restrukturierungsmaßnahmen

2.2 Gruppenleiter Qualitätssicherung

Firma: Energie GmbH, Werk Bremen
Produkte: Starterbatterien, Industriebatterien, Traktionsbatterien dryfit
Beschäftigte: 250
Führung: 10 Mitarbeiter
Beschäftigt: von 05/1997 bis 12/2003
Aufgaben:
- Wareneingangs- und Fertigungsprüfungen
- Aufbau eines Qualitätssicherungssystems
- Statistische Auswertung von Messdaten
- Beschaffung von Prüf- und Messmitteln
- Erstellung von Verfahrens- und Prüfanweisungen
- Mitarbeit beim Aufbau eines QS-Systems im Werk Spanien

2.3 Betriebsschlosser

Firmen: 3 verschiedene Firmen der Metallindustrie, Hannover und Berlin
Beschäftigt: von 10/1984 bis 10/1991
Aufgaben:
- Reparatur und Wartung von Werkzeugmaschinen

Dirk Dernbach / 2. Version / Lebenslauf (Kommentar auf Seite 77)

3 Ausbildung

3.1 Schul- und Berufsausbildung

03/1993 bis 07/1996	Technische Fachhochschule (TFH), Hannover Fachrichtung Maschinenbau Abschluss: Diplom-Ingenieur
10/1991 bis 02/1993	Fachoberschule, Hannover Abschluss: Fachhochschulreife
05/1981 bis 08/1984	Lehre als Betriebsschlosser, Fa. Mahnwald, Hannover Abschluss: Facharbeiter

3.2 Fortbildung

06/2005	Prüfungslehrgang: DGQ-Auditor Deutsche Gesellschaft für Qualität (DGQ), München Abschluss: DGQ-Auditor/EOQ Quality Auditor
03/2000 bis 07/2002	Lehrgang: Qualitätsmanagement QM Deutsche Gesellschaft für Qualität (DGQ), München Abschluss: Qualitätsfachingenieur DGQ
09/1997 bis 03/1999	Lehrgang: Qualitätstechnik QII Deutsche Gesellschaft für Qualität (DGQ), München Abschluss: Qualitätstechniker DGQ
11/1996 bis 05/1997	REFA-Grundausbildung für das Arbeitsstudium REFA-Landesverband Hannover e.V., Hannover Abschluss: REFA-Grundschein

3.3 Weitere Kenntnisse und Fähigkeiten

seit 2006	Verbesserung der englischen Sprachkenntnisse bei Berlitz International Inc., Berlin
seit 2005	Mitglied im Verein Deutscher Ingenieure (VDI), Sektionsleiter in Berlin Besuch div. Seminare und Vorträge zu Themen der QS
seit 2002	PC-Lehrgänge zur Textverarbeitung und Tabellenkalkulation, intensive Beschäftigung mit Textverarbeitung und Tabellenkalkulation („MS Office“) und weiteren Windows-Programmen, Grundkenntnisse der EDV und BASIC-Programmierung vorhanden

Referenzen und Arbeitsproben können bei Interesse vorgelegt werden.

Dirk Dernbach / 2. Version / Lebenslauf (Kommentar auf Seite 77)

Was spricht für mich?

Meine beruflichen Leistungen

- nachweislich langjährige erfolgreiche Führungsqualifikation
- fundierte Kenntnisse in allen Bereichen der Qualitätsplanung, -technik und -berichterstattung
- Aufbau und Pflege von QM-Systemen
- Projektmanagement im Bereich Qualitätssicherung
- Durchführung von internen und externen Qualitätsaudits
- Durchführung von betriebsinternen Qualitätsschulungen
- statistische Auswertung von Messdaten

Meine Arbeitsweise

Meine besonderen Stärken sind mein diplomatisches Geschick sowie meine Art, Mitarbeiter in Sachen QM zu motivieren und zu überzeugen. Der Umgang und die zielorientierte Zusammenarbeit mit anderen Menschen sind für mich persönlich von großer Bedeutung. Dabei beherrsche ich als praxiserprobter Fachingenieur alle „Register" in der Verantwortung, die Sache der Qualität effektiv zu vertreten.

Berlin, 12. August 2010 D. Dernbach

Dirk Dernbach / 2. Version / Dritte Seite (Kommentar auf Seite 77)

ZU DEN UNTERLAGEN VON DIRK DERNBACH

1. Version

Mit sehr schlichten grafischen Mitteln wendet sich der Bewerber im **Anschreiben** an die »sehr geehrten Damen und Herren«, ein Fehler, den Sie hinreichend kennen, und zeigt damit, dass vorab kein telefonischer Kontakt aufgenommen wurde.

Mit einem »Glaubensbekenntnis« und einem nicht überzeugend getexteten zweiten Abschnitt geht es weiter, gipfelnd in der sprachlichen Ungeschicktheit, PC-Kenntnisse »ebenfalls vorweisen« zu können. Das gesamte Anschreiben ist im Blocksatz gesetzt. Wir empfehlen eher den Flattersatz, der den Brief lebendiger wirken lässt, und bei der Unterschrift immer Vor- und Zunamen; der Vorname ist ein Sympathieträger (aber: keine maschinenschriftliche Wiederholung darunter!). Auch das »PS« ist unglücklich, da keine eindeutige Botschaft erkennbar wird.

Kurzum: Der Anschreibentext ist ziemlich unzulänglich, aber wenden wir uns jetzt der Bewerbungsmappe zu: Das **Deckblatt** ist ordentlich, wenngleich die Formulierung »zur Vorlage« deutlich bürokratisch-veraltet wirkt.

Der **Lebenslauf** hat ein ausgeprägtes Gliederungssystem und wirkt auf der ersten Seite wegen der schwerfälligen Form (»Name«, »Anschrift«, »Tel.«, »Geboren am«) unelegant, unmodern. Abschnitt 2 präsentiert die beruflichen Stationen in einer chronologischen Version, was unvorteilhaft ist (an sich geschickt ist die Zusammenfassung der ersten drei Berufsstationen). Ebenso wird in Abschnitt 3 verfahren, was aber hier als durchaus sinnvoll erscheint. Der 4. Abschnitt ist ein misslungener Versuch einer **Dritten Seite**, die stilistisch an das Anschreiben erinnert. Auch wenn der Bewerber Ingenieur und nicht Germanist ist, müssen an die textliche Gestaltung höhere Ansprüche gestellt werden.

Was für ein schlichtes, bescheidenes **Foto**. Ein Jugendporträt? Sie werden denken, wir übertreiben, aber in der Realität sind solche und schlimmere Fotos nicht selten.

Trotz ansatzweise guter Ideen ist diese erste Version nicht befriedigend.

2. Version

Dem immer noch eher schlichten Briefkopf folgt ein wesentlich besserer **Anschreibentext**. Hier wurde vorab telefoniert. Die Daten zur Person sind knapp und präzise und unterscheiden sich ganz wesentlich vom ersten Anschreiben. Auch auf das PS konnte verzichtet werden.

Das überarbeitete **Deckblatt** wirkt etwas frischer, ebenso wie die erste Seite des **Lebenslaufes** mit den persönlichen Daten. Im Abschnitt 2 wurden die beruflichen Stationen in der amerikanischen Form gegliedert. Jetzt sind die ersten Tätigkeiten noch besser zusammengefasst. Auch grafisch hat die Präsentation im Sinne einer besseren und leichteren Lesbarkeit weiter gewonnen. Der dritte Abschnitt ist unverändert geblieben.

Die **Dritte Seite**, jetzt auf einem Extrablatt, ist wesentlich prägnanter getextet und erfüllt so viel besser ihren Zweck. Alle Überschriften sind gut gewählt. Ob dieser Abschnitt auch mit einer Vier vor der Überschrift versehen sein sollte, ist sicherlich Geschmackssache.

Endlich auch ein überzeugendes, sehr sympatisches **Foto**.

Einschätzung: eine deutliche Verbesserung der im Ansatz schon ordentlichen Grundidee. Die sprachliche Gestaltung bedarf immer einer besonderen Anstrengung. In der Regel lohnt sich diese aber. »Sehr gut« nach der Überarbeitung.

Der Lebenslauf

Ihr Lebenslauf, wir nennen ihn besser den beruflichen Werdegang, ist das wichtigste Dokument, das für oder gegen Sie spricht. Also muss die Präsentation überzeugen, die Formulierung sehr sorgfältig sein. Rechnen Sie bei der Erstellung mit einem gewissen Zeitaufwand.

Jeder Lebenslauf sollte der jeweiligen Bewerbung »angepasst« werden, genauso wie das Bewerbungsanschreiben. Aus beiden sollte hervorgehen, dass Sie genau dem Anforderungsprofil der angestrebten Stelle entsprechen. Für jede Bewerbung benötigen Sie also im Grunde einen neuen Lebenslauf.

Empfehlung: Treten Sie in Ihrem Lebenslauf mit kleinen Zusatzqualifikationen aus der Masse hervor. Vielleicht haben Sie ein berufsspezifisches Ehrenamt oder Engagement, vielleicht ein besonderes Hobby oder eine spezielle Stärke, vielleicht waren Sie im Ausland oder haben sich aus Eigeninitiative weitergebildet.

Als Faustregel gilt: Ihre Freizeitbeschäftigungen sind dann von besonderem Interesse, wenn sie mit dem Arbeitsplatz und seinen Anforderungen in irgendeiner Verbindung stehen. Beispielsweise sind Ihre aktive Sportbegeisterung und die Tatsache, dass Sie Mannschaftskapitän Ihres Handballteams sind, dann von besonderem Informationswert, wenn Sie einen Beruf wählen, in dem es auf Ihre soziale Kompetenz ankommt. Sportaktive gelten als sozial befähigt. Wenn Sie z. B. Kassenwart in einem Verein waren, zieht ein Personalchef möglicherweise Rückschlüsse auf Ihre Zuverlässigkeit, Genauigkeit und Vertrauenswürdigkeit.

Der entscheidende Gedanke bei der Gestaltung des Lebenslaufes ist: Was könnte Sie bei dem angestrebten Arbeitsplatz in den Augen des Arbeitgebers interessant machen, aufwerten und von anderen Mitbewerbern positiv unterscheiden? Neben Kompetenz und Leistungsmotivation geht es besonders um Ihre Persönlichkeit. Dabei sagen Ihr Hobby und Ihre Interessen eine ganze Menge über Sie als Menschen aus.

MERKBLOCK

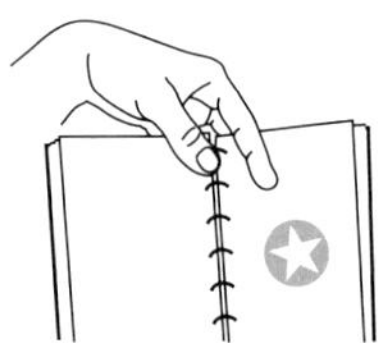

Bei Ihrem Lebenslauf geht es nicht um den Verlauf Ihres Lebens, sondern um Ihren beruflichen Werdegang, heute eher in der modernen Form präsentiert, vom Aktuellen in die Vergangenheit.

FORM

Was ist für die Gestaltung Ihres Lebenslaufs das Wichtigste? Ein Lebenslauf gehorcht den Prinzipien »Kürze« und »Klarheit«. Die Informationen und Argumente, die für Ihre Person sprechen, müssen auf den ersten Blick ins Auge stechen.

Maschinen- und computergeschriebene Lebensläufe helfen, diese Kürze und Klarheit auch optisch zu transportieren. Eine bis maximal vier Seiten sollten Sie dafür veranschlagen.

Handgeschriebene Lebensläufe sind nur auf ausdrückliche Aufforderung hin einzureichen. Wir halten das im Übrigen für völligen Sadismus – ein handgeschriebener Lebenslauf kann nie gut aussehen und sprengt auch vom Platz her mit Sicherheit den Rahmen. Unsere Empfehlung in dieser Angelegenheit: Widersetzen Sie sich diesem Wunsch und steuern Sie lieber ein anderes handgeschriebenes Blatt bei, auf dem Sie eine zusätzliche Werbung in eigener Sache platzieren (siehe auch S. 89).

GLIEDERUNG

Grundsätzlich sind zwei Möglichkeiten zu unterscheiden. Am meisten verbreitet ist die chronologische Variante. Sie schreiben die Eckdaten der Zeitfolge nach auf, von der Schulbildung bis zur derzeitigen Tätigkeit. Dabei haben Sie wiederum die Auswahl, ob Sie mit Ihrer aktuellen Situation beginnen und auf der Zeitachse zurückgehen (so genannte französische bzw. amerikanische Form) oder ob Sie die Ereignisse nacheinander erzählen bis zum heutigen Zeitpunkt (sogenannte deutsche Form), was immer weniger bevorzugt wird.

INHALT

Viele Angaben im Lebenslauf sind »Kannbestimmungen«. Die Angabe des Familienstandes ist beispielsweise nicht zwingend notwendig. Abzuraten ist von Selbstbeschreibungen wie »geschieden« oder »wieder verheiratet« – ggf. schreiben Sie »verheiratet« oder »unverheiratet«. Folgendes Schema ist eine Orientierung für die Gestaltung Ihres Lebenslaufs.

1. Persönliche Daten
- Vor- und Zuname
- Anschrift, Telefon (besser auf der Deckblattseite, s. S. 47)
- Geburtsdatum und -ort
- Religionszugehörigkeit (nur wenn arbeitsplatzbezogen wichtig)
- Familienstand, ggf. Zahl und Alter der Kinder
- ggf. Name und Beruf des Ehepartners
- Staatsangehörigkeit (bei Ausländern oder ausländisch klingenden Namen)

2. Schulausbildung
- besuchte Schulen (Typen)
- Schulabschluss (Zeitangabe in Jahren)

3. Hochschulstudium
- Fach/Fächer
- Universität und Abschlüsse
- ggf. Schwerpunkte
- ggf. Thema der Examensarbeit/Promotion

4. Berufstätigkeit
- Art der Berufsausbildung
- Ausbildungsfirma/-institution (mit Ortsangabe)
- Abschluss/Berufsbezeichnungen
- Positionen, evtl. Kurzbeschreibung
- Arbeitgeber (Orte und Zeitangaben)

5. Berufliche Weiterbildung
- Alles, was mit der Berufspraxis in Zusammenhang steht.

6. Außerberufliche Weiterbildung
- Kurse (Vorsicht bei der Auswahl!) Fremdsprachen ja, Fallschirmspringen und Psychokurs nein

7. Besondere Kenntnisse
- Fremdsprachen, EDV, Führerschein, andere Scheine und Qualifikationen

8. Hobbys/Interessen, ehrenamtliches oder soziales Engagement, Sport, evtl. sogar Politik
- Überlegen Sie stets, welches Bild Sie dabei von sich entwerfen und ob diese Tätigkeiten zu Ihrer Bewerbung um diesen Arbeitsplatz passen.

9. Sonderinformationen
- z. B. über Auslandsaufenthalte, Praktika
- Hier könnten Sie auch eine zusätzliche Erklärung unterbringen, warum Sie diesen Arbeitsplatz wünschen.

10. Foto
- Ein professionelles Foto z. B. oben rechts auf den Lebenslauf kleben oder besser auf eine Deckblattseite (s. S. 48). Das Foto nicht klammern oder heften (wie gehen Sie mit sich um?!).

So könnte die Abfolge aussehen. Dabei ist das Foto sicherlich sehr wichtig und wird hier eigentlich zu Unrecht am Schluss aufgeführt. Dieser klassischen Abfolge stellen wir gleich eine andere Vorgehensweise gegenüber. Unsere zahlreichen Lebenslaufbeispiele haben Ihnen aber hoffentlich schon verdeutlicht, wie groß Ihr Gestaltungsspielraum ist.

ALTERNATIVER ABLAUF

1. Foto

- Ein professionelles Foto kleben Sie entweder oben rechts auf den Lebenslauf oder – noch besser – auf eine Deckblattseite (s. S. 48). Das Foto nicht klammern oder heften.

2. Persönliche Daten

- Vor- und Zuname
- Anschrift, Telefon (besser auf der Deckblattseite)
- Geburtsdatum und -ort
- Religionszugehörigkeit (nur wenn arbeitsplatzbezogen wichtig)
- Familienstand, ggf. Zahl und Alter der Kinder
- ggf. Name und Beruf des Ehepartners (muss nicht sein)
- Staatsangehörigkeit (bei Ausländern)

3. Berufstätigkeit

- Art der Berufsausbildung
- Ausbildungsfirma/-institution (mit Ortsangabe)
- Abschluss/Berufsbezeichnungen
- Positionen, evtl. Kurzbeschreibung
- Arbeitgeber (Orte und Zeitangaben)

4. Berufliche Weiterbildung

- Alles, was mit der Berufspraxis in Zusammenhang steht.

5. Außerberufliche Weiterbildung

- Kurse (Vorsicht bei der Auswahl!) Fremdsprachen oder Zeitmanagement ja, Fallschirmspringen und Psychokurs nein

6. Hochschulstudium

- Fach/Fächer
- Universität und Abschlüsse
- ggf. Schwerpunkte
- ggf. Thema der Examensarbeit/Promotion

7. Schulausbildung

- besuchte Schulen (Typen)
- Schulabschluss (Zeitangabe in Jahren)

8. Besondere Kenntnisse

- Fremdsprachen, EDV, Führerschein, andere Scheine und Qualifikationen

9. Hobbys/Interessen, ehrenamtliches oder soziales Engagement, Sport

- Überlegen Sie stets, welches Bild Sie dabei von sich entwerfen und ob diese Tätigkeiten zu Ihrer Bewerbung um diesen Arbeitsplatz passen.

10. Sonderinformationen

- z. B. über Auslandsaufenthalte, Praktika
- Hier könnten Sie auch eine zusätzliche Erklärung unterbringen, warum Sie diesen Arbeitsplatz wünschen.

Nun folgen gleich vier Lebensläufe von Dirk Dernbach, den wir bereits kennengelernt haben (s. S. 66 ff.). Sie sehen noch einmal in praktischer Ausführung die wichtigsten Möglichkeiten, den Lebenslauf zu strukturieren (chronologisch, zielgerichtet, funktional, kreativ).

MERKBLOCK

Beschreiben Sie die letzten zwei, drei Arbeitsplätze und Aufgaben deutlich ausführlicher als die, die viele Jahre zurückliegen. Dabei geht es immer auch darum, was Sie geleistet haben!

Dirk Dernbach – Dipl.-Ing. (FH)

Hranitzkystr. 45
12277 Berlin
Tel.: 030 1238973 / E-Mail: Dirk.Dernbach@t-online.de

geboren am: 9. September 1966
Geburtsort: Frankfurt am Main

Berufserfahrung

2004 bis heute
IKROM AG, Berlin
Abteilungsleiter Qualitätswesen
- direkte Personalverantwortung für 15 Mitarbeiter der Abteilung Qualitätswesen
- langjährige Kompetenz in den Bereichen der Qualitätsplanung, -technik und -berichterstattung
- Erstellung und Pflege eines QM-Systems nach DIN EN ISO 9001
- Durchführung von internen und externen Qualitätsaudits
- Durchführung von betriebsinternen Qualitätsschulungen
- Projektmanagement im Bereich Qualitätssicherung
- Mitarbeit bei der Einführung von Fertigungsinseln, Lean Management und anderen Restrukturierungsmaßnahmen

1997 - 2003
Energie GmbH, Werk Bremen
Gruppenleiter Qualitätssicherung
- Gruppenleitung von 10 Mitarbeitern
- Durchführung von Wareneingangs- und Fertigungsprüfungen
- Aufbau eines Qualitätssicherungssystems
- Konzeption von Verfahrens- und Prüfanweisungen
- Auswertung von statistischen Messdaten
- Mitarbeit beim Aufbau eines QS-Systems im Werk Spanien

Ausbildung

2005	Deutsche Gesellschaft für Qualität (DGQ), München zum DGQ-Auditor/EOQ Quality Auditor
2002	zum Qualitätsfachingenieur DGQ
1999	zum Qualitätstechniker DGQ
1997	Technische Fachhochschule (TFH), Hannover Diplom-Ingenieur Fachrichtung Maschinenbau

Mitgliedschaften

Verein Deutscher Ingenieure (VDI) – Sektionsleiter in Berlin

Dirk Dernbach / Chronologischer Lebenslauf (Kommentar Seite 85)

Dirk Dernbach – Dipl.-Ing. (FH)

Hranitzkystr. 45
12277 Berlin
Tel.: 030 1238973 / E-Mail: Dirk.Dernbach@t-online.de

geboren am: 9. September 1966
Geburtsort: Frankfurt am Main

Berufsziel: Bereichsleiter Qualitätsmanagement

Berufserfahrungen

- Führungsqualifikation
- fundierte Kenntnisse in allen Bereichen der Qualitätsplanung, -technik und -berichterstattung
- Aufbau und Pflege von QM-Systemen
- Projektmanagement im Bereich Qualitätssicherung
- Durchführung von internen und externen Qualitätsaudits
- Durchführung von betriebsinternen Qualitätsschulungen
- statistische Auswertung von Messdaten

Arbeitsergebnisse

- Gruppenleitung von 15 Mitarbeitern
- Erstellung und Pflege eines QM-Systems nach DIN EN ISO 9001
- Mitarbeit bei der Einführung von Fertigungsinseln, Lean Management und anderen Restrukturierungsmaßnahmen
- Durchführung von Wareneingangs- und Fertigungsprüfungen
- Aufbau eines Qualitätssicherungssystems
- Konzeption von Verfahrens- und Prüfanweisungen
- Mitarbeit beim Aufbau eines QS-Systems

Berufsstationen

2004 bis heute	IKROM AG, Berlin **Abteilungsleiter Qualitätswesen**
1997–2003	Energie GmbH, Werk Bremen **Gruppenleiter Qualitätssicherung**

Ausbildung

2005	Deutsche Gesellschaft für Qualität (DGQ), München zum DGQ-Auditor/EOQ Quality Auditor
2002	zum Qualitätsfachingenieur DGQ
1999	zum Qualitätstechniker DGQ
1997	Technische Fachhochschule (TFH), Hannover Diplom-Ingenieur Fachrichtung Maschinenbau

Mitgliedschaften

Verein Deutscher Ingenieure (VDI) – Sektionsleiter in Berlin

Dirk Dernbach / Zielgerichteter Lebenslauf (Kommentar Seite 85)

Dirk Dernbach – Dipl.-Ing. (FH)

Hranitzkystr. 45
12277 Berlin
Tel.: 030 1238973 / E-Mail: Dirk.Dernbach@t-online.de

geboren am 9. September 1966 in Frankfurt/Main, unverheiratet

Abteilungsleiter Qualitätswesen

- direkte Personalverantwortung für 15 Mitarbeiter der Abteilung Qualitätswesen
- langjährige Kompetenz in den Bereichen der Qualitätsplanung, -technik und -berichterstattung
- Erstellung und Pflege eines QM-Systems nach DIN EN ISO 9001
- Durchführung von internen und externen Qualitätsaudits
- Durchführung von betriebsinternen Qualitätsschulungen
- Projektmanagement im Bereich Qualitätssicherung
- Mitarbeit bei der Einführung von Fertigungsinseln, Lean Management und anderen Restrukturierungsmaßnahmen

Gruppenleiter Qualitätssicherung

- Gruppenleitung von 10 Mitarbeitern
- Durchführung von Wareneingangs- und Fertigungsprüfungen
- Aufbau eines Qualitätssicherungssystems
- Konzeption von Verfahrens- und Prüfanweisungen
- Auswertung von statistischen Messdaten
- Mitarbeit beim Aufbau eines QS-Systems im Werk Spanien

Betriebsschlosser

- fundierte Fachkenntnisse durch 7-jährige Berufspraxis
- Reparatur und Wartung von Werkzeugmaschinen für die Stanzindustrie

Berufsstationen

2004 bis heute	IKROM AG, Bremen – Abteilungsleiter Qualitätswesen
1997 – 2003	Energie GmbH, Werk Bremen – Gruppenleiter Qualitätssicherung
1984 – 1991	3 verschiedene Firmen der Metallindustrie, Hannover und Berlin

Mitgliedschaften

Verein Deutscher Ingenieure (VDI) – Sektionsleiter in Berlin

Ausbildung

2005	Deutsche Gesellschaft für Qualität (DGQ), München zum DGQ-Auditor/EOQ Quality Auditor
2002	zum Qualitätsfachingenieur DGQ
1997	Technische Fachhochschule (TFH), Hannover Diplom-Ingenieur Fachrichtung Maschinenbau

Dirk Dernbach / Funktionaler Lebenslauf (Kommentar Seite 85)

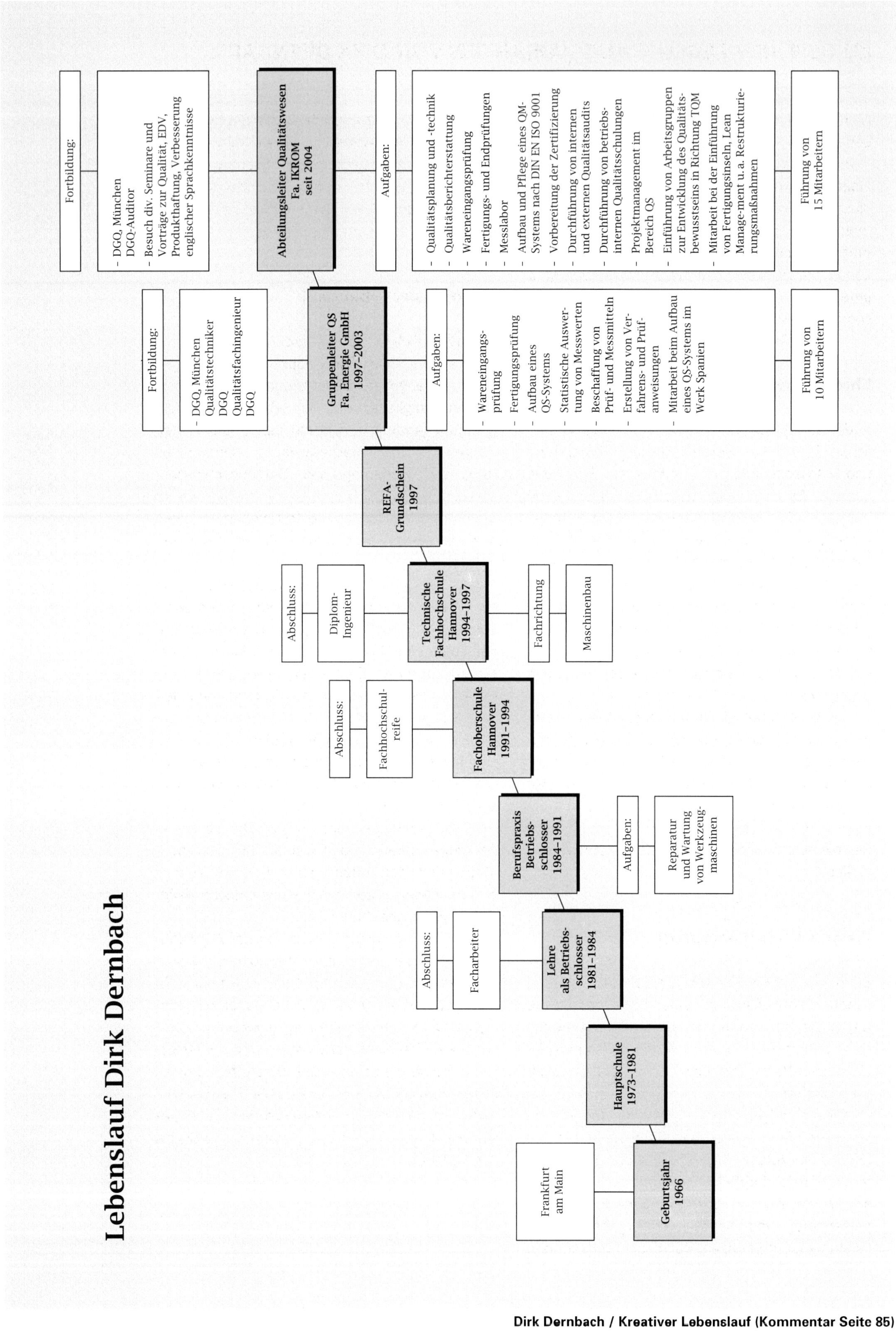

Dirk Dernbach / Kreativer Lebenslauf (Kommentar Seite 85)

ZU DEN VIER LEBENSLAUF-VARIANTEN VON DIRK DERNBACH

Hier stellen wir Ihnen zusätzlich vier separate Lebensläufe zu diesem Bewerber vor, die jeweils in einer sehr kurzen und knappen Form auf nur einer Seite das Wesentliche präsentieren. Mit diesen neuen Beispielen möchten wir Ihnen demonstrieren, dass Ihrer Kreativität bei der Gestaltung Ihres Lebenslaufes fast keine Grenzen gesetzt sind. Die Form kann je nach Funktion ganz unterschiedlich aussehen und jeweils einem besonderen Zweck dienen.

Chronologischer Lebenslauf

In der ersten Variante werden nach den persönlichen Daten die Berufserfahrung, Ausbildung und Mitgliedschaften in komprimierter Form dargestellt. Es wird beim beruflichen Werdegang bewusst »Berufserfahrung« als Überschrift gewählt und das letzte Arbeitsverhältnis als Erstes aufgeführt. Beachten Sie auch, dass dieser Stellung der meiste Platz eingeräumt wird. Die Berufspositionen und Firmen werden hervorgehoben und die Aufgaben und Erfolge des Bewerbers genau beschrieben. Aus Platzgründen werden nur die letzten beiden Arbeitsstationen angegeben.

Dieser chronologische Lebenslauf entspricht, von geringfügigen Abweichungen abgesehen, der gängigsten Form, mit der die Arbeitgeber vertraut sind. Die Anwendung ist zu empfehlen, wenn Sie im gleichen Berufsfeld bleiben möchten, Ihr Aufstieg auf der Karriereleiter gut zu erkennen ist und Sie die letzte Position besonders hervorheben wollen.

Zielgerichteter Lebenslauf

Bei der zweiten Variante fällt als Erstes die Überschrift »Berufsziel« ins Auge. Es werden ohne Daten die Berufserfahrungen und Arbeitsergebnisse betont. Erst danach folgen mit Zeitangaben die letzten Berufsstationen, Ausbildung und Mitgliedschaften.

Dieser zielgerichtete Lebenslauf bietet sich an, wenn Sie ein klares Berufsziel vor Augen haben. Es ist allerdings unabdingbar, das gewünschte Berufsfeld sorgfältig erforscht zu haben. Sie sollten vor allem zukunftsbezogene Fähigkeiten präsentieren und diese durch Ergebnisse und Leistungen unterstützen. Bei dieser Form können Sie auch Kenntnisse aufführen, die Sie bisher beruflich noch nicht eingesetzt haben. Nicht zu empfehlen ist dieser Lebenslauf jedoch, wenn Sie sich Ihrer Fähigkeiten nicht ganz sicher sind oder erst am Anfang Ihrer Karriere stehen und deshalb kaum Erfahrung besitzen.

Funktionaler Lebenslauf

Die persönlichen Daten werden hier aus Platzgründen auf eine Zeile reduziert. Dann folgen ohne Zeitangaben Beschreibungen der wichtigsten Fähigkeiten des Bewerbers nach Sachgebieten gegliedert, d. h. mit den Überschriften »Abteilungsleiter Qualitätswesen«, »Gruppenleiter Qualitätssicherung« und »Betriebsschlosser« versehen. Wie beim zielgerichteten Lebenslauf werden erst danach die Berufsstationen, Mitgliedschaften und Ausbildung mit zeitlichen Daten aufgelistet.

Bei dem funktionalen Lebenslauf können Sie also Ihre Schwerpunkte und Stärken – nach Sachgebieten gegliedert – sehr gut unterstreichen und in eine Reihenfolge bringen, die auf Ihr Berufsziel zugeschnitten ist. Da Sie bei dieser Darstellung nicht an eine chronologische Auflistung gebunden sind, ist sie zu empfehlen, wenn Lücken und unproduktive Phasen in Ihrer beruflichen Entwicklung bestehen. Sie können sie ferner wählen, falls Sie einen Karrierewechsel vorhaben, viele verschiedene zusammenhanglose Tätigkeiten hatten oder gar Ihre erste Stelle suchen. Ebenso wie in der zielgerichteten Form können Sie hier Erfahrungen und Fähigkeiten hervorheben, die Sie sich in Ihrer Freizeit oder durch ehrenamtliche Tätigkeiten angeeignet haben.

Der Nachteil dieser Version ist der Aufwand, denn für jede einzelne Stelle muss dieser Lebenslauf neu gegliedert werden. Wie beim zielgerichteten Lebenslauf sind die Arbeitgeber nicht an diese Form der Darstellung gewöhnt. Daher könnte sie bei ihnen zunächst Verwirrung hervorrufen. Es liegt also an Ihnen, durch Ihre Bewerbungsunterlagen diese eventuelle Ungewohntheit auszubalancieren, indem Sie durch das Gesamtbild Ihres Werbeprospektes in eigener Sache überzeugen.

Kreativer Lebenslauf

Die letzte Version stellt eine besonders innovative Lebenslaufform dar. Wie wirkt diese Form auf Sie? Mit diesem Schaubild sind die einzelnen beruflichen Stationen grafisch klar und übersichtlich dargestellt. Bei den letzten beiden beruflichen Positionen sind auch die wichtigsten Aufgaben aufgelistet. Insgesamt kommt der berufliche Aufstieg sehr gut zur Geltung. Eine wirklich überzeugende, gelungene Präsentation!

Das Verfassen solch eines kreativen Lebenslaufes sollte allerdings gut überlegt sein. In sehr konservativen Bereichen (z. B. öffentlicher Dienst, Banken etc.) ist diese Form sicherlich nicht angebracht. Sie wählen diese Darstellung besser auch nur dann, wenn Sie wirklich in der Lage sind, etwas Überraschendes und Kreatives zu produzieren. Anwendungsmöglichkeiten bieten z. B. die Berufsbereiche: Schauspieler, Werbetexter, Fotomodelle, Karikaturisten, Produktmanager oder Reporter. Ein Werbetexter könnte eine gut geschriebene Anzeige über sich selbst verfassen, ein Fotomodell eine Collage aus seinen Bildern liefern oder ein Produktmanager sich selbst als »Produkt« darstellen. Je moderner das gewünschte Unternehmen ist, in dem Sie sich vorstellen möchten, desto unkonventioneller kann Ihre Präsentation ausfallen. Bleibt hier nur noch die Frage, wo das Foto platziert wird. Vorschlag: im Anschreiben.

Zur Platzierung der Fotos: Wenn man sich nicht für ein kleines Foto oben rechts unterhalb der Briefkopf-Absender-Gestaltung entscheiden will, bleibt einem als Platz noch ein Deckblatt, das neben dem Foto auch die persönlichen Daten des Bewerbers enthält, oder man platziert es auf dem Anschreiben im oberen Bereich.

Das Foto

»Bild schlägt Text« ist eine Journalistenregel, die deutlich die Wirkungskraft von Bildern unterstreicht. Ihnen geht es da sicher nicht anders, oder? Angenommen, Sie erhalten einen Brief mit einem Foto: Lesen Sie dann zuerst den Brief, oder werfen Sie zunächst einen Blick auf das beigelegte Foto? Na also, vermutlich siegt auch bei Ihnen die Neugier. Erst mal einen Blick auf das Foto werfen: Wie sieht der oder die denn aus? Aha, er lächelt, wie nett, ein sympathischer Mensch. Danach erst beginnen Sie mit dem Lesen des Briefes.

Ganz genau so ergeht es dem Personalchef. Er wird als Erstes das Foto unter die Lupe nehmen und in Sekundenschnelle ein Urteil bilden: Was für einen Eindruck macht dieser Mensch, wirkt er sympathisch oder unsympathisch? Mürrisch oder freundlich? Zugewandt oder verschlossen? Und mit diesem Bild im Hinterkopf (und der schnellen Meinung, die er sich gemacht hat) beginnt der Chef, Ihre Bewerbung durchzulesen.

Es geht um den ersten Eindruck. Wenn Sie mit Ihrem Foto schon zu Beginn des Auswahlverfahrens Sympathie hervorrufen, haben Sie ganz einfach die besseren Chancen. Besonders dann, wenn die papierenen Qualifikationsnachweise doch nicht perfekt sind.

Das heißt: Benutzen Sie keinen Fotoautomaten, sondern gehen Sie zum Fotografen. Abgesehen von den automatenüblichen Fehlbelichtungen und verzerrten Farbgebungen wird sich ein solches Billigverfahren auch negativ auf die Beurteilung Ihrer Persönlichkeit auswirken. Man könnte Sie für geizig halten, Ihr Selbstwertgefühl für wenig ausgeprägt, Ihre Motivation für die Bewerbung als zu gering. Ein Personalberater: »Aus der Qualität des Fotos ergibt sich ein Hinweis auf die Zielstrebigkeit des Bewerbers.«

Übrigens: Exzellente Kopien, besser eingscannte oder (noch besser) digitale Fotos sind heute auch schon voll akzeptiert.

Auch beim Format ist Vorsicht angebracht. Ein winziges Foto legt die Deutung nahe, dass Sie sich nicht wichtig genug nehmen. Umgekehrt spricht ein Postkartenporträt Bände über Ihre Eitelkeit. Wir zeigen Ihnen hier interessantere Formate und auch attraktivere Bildausschnitte. Jawohl, der Kopf, das Gesicht, darf angeschnitten sein, wirkt so viel dynamischer, einfach spannender.

Wir empfehlen ein Schwarz-Weiß-Foto. Das wirkt sowohl zurückhaltender als auch interessanter. Es lässt dem Betrachter mehr Interpretationsmöglichkeiten bei der Beurteilung Ihres Gesichts.

PRAXISBEISPIEL

Es lohnt sich ...

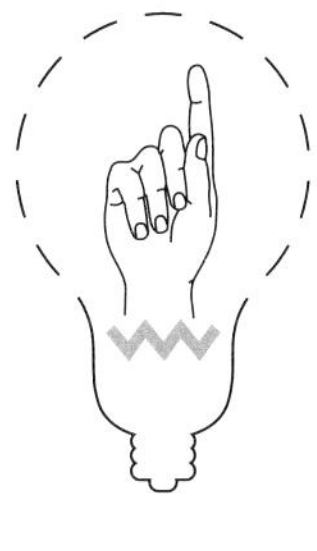

Auf Empfehlung eines Freundes hatte ich einen Fototermin bei einem mir bis dahin unbekannten Fotografen gemacht. Bereits ein Vierteljahr davor war ich bei einem durchaus stadtbekannten Fotostudio gewesen, das Ergebnis gefiel mir jedoch nicht sonderlich gut. Und lediglich eine Einladung auf zehn versandte Bewerbungen zu bekommen, erklärte ich mir zum Teil auch mit dem unglücklichen Foto, an dem ich mir allerdings eine gewisse Mitschuld gab. Ich bin eben kein Model!
Was bei meinem zweiten Versuch ganz anders war und mich ziemlich beeindruckte: Der Fotograf nahm sich echt Zeit, sprach mit mir erst einmal eine halbe Stunde darüber, was ich vorhätte, welchen Beruf und welche Verantwortung ich anstreben würde, bevor das »Knipsen« losging. Mein Problem: Ich halte mich für äußerst unfotogen. Sein guter Zuspruch und auch die Zeit, in der wir uns unterhielten, ließen mich meine Selbstzweifel nahezu vergessen. Und siehe da, aus den über 80 Fotos fanden wir gemeinsam einige ganz passable.

MERKBLOCK

Vielleicht das Wichtigste an Ihren Bewerbungsunterlagen ist das Foto. Wenn Sie damit punkten, d. h. Sympathie für sich mobilisieren, wird man Ihnen Vertrauen schenken.

Sympathie – Vertrauen – Zutrauen ist die wirklich entscheidende weichenstellende Trias.

Investieren Sie also Zeit und Geld in Ihr Foto. Bitte verwenden Sie keins aus dem Automaten und lassen Sie sich schon gar nicht an einem schlechten oder hektischen Tag fotografieren. Ein sympathisches Foto ist ein wichtiger, ein ganz exzellenter Tür- und Herzensöffner!

Falls Sie dennoch ein Farbfoto vorziehen, wählen Sie dezente Kleidung und – für die Damen – sparsames Make-up.

Apropos Kleidung: Von einem offenen Hemdkragen ist ebenso abzuraten wie von einem tiefen Einblick in weibliche Reize. Wählen Sie die Kleidung, die dem von Ihnen angestrebten Berufsstand angemessen ist. Die Haare sollten gepflegt sein und auf keinen Fall die Augen verdecken – Sie haben doch nichts zu verbergen. Die Herren sollten sich vor dem Fototermin rasieren. Ansonsten gilt: Lächeln Sie, was das Zeug hält, machen Sie ein freundliches Gesicht. Denken Sie an eine große Liebe oder an Ihren Urlaub …

Wir raten Ihnen, mehrere Fotos anfertigen zu lassen, diese dann (wohlmeinenden) Freunden zur Beurteilung vorzulegen und gemeinsam das beste auszuwählen.

Auf die Rückseite Ihres Fotos gehört mit Bleistift Ihr Name (falls es sich vom Papier löst). Wo Sie es platzieren, bleibt Ihnen überlassen: entweder auf dem Umschlag bzw. Deckblatt Ihrer Bewerbungsmappe, auf der ersten oder zweiten Seite, je nachdem, wie Sie Ihren beruflichen Werdegang bzw. Lebenslauf präsentieren (s. Beispiele auf S. 48 ff.).

Ein außergewöhnliches Format, ein dunkler Hintergrund und ein leicht angeschnittener Kopf machen dieses Bild zum Hingucker und transportieren viel Sympathie.

Außer dem Gesicht tritt alles in den Hintergrund. Das quadratische Format und diese Konzentration haben schon eine fast unheimliche Ausstrahlung

Ein ungewöhnliches Format, ein deutlich erkennbarer Hintergrund. Zusätzlich noch ein Requisit in der Hand. Alles außergewöhnlich, aber ein Hingucker, wo es passt.

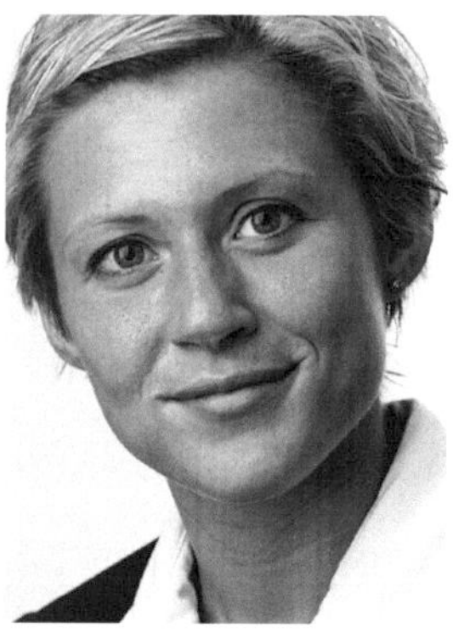

Dieselbe Kandidatin, ein eher klassisches Bildformat, ein heller Hintergrund, ein sehr stark angeschnittener Kopf, dieses Foto kann man nicht überblättern.

Eine außergewöhnliche Pose bei klassischem Format, der Anschnitt und der freundliche Gesichtsausdruck, eine gelungene Kombination, wenn auch nicht für jeden Job geeignet.

Derselbe Kandidat, jetzt in anderer Pose. Auch so kann man sich präsentieren. Sicherlich etwas gewagt, aber ohne Risiko kein Aufmerksamkeitsgewinn. Nur Mut!

Die Dritte Seite

Personalentscheider stehen oft unter Zeitdruck. So kann es Ihnen leicht passieren, dass die im Bewerbungsanschreiben vorgetragenen Informationen und »Verkaufsargumente« wegen der Vielzahl der eingehenden Bewerbungsunterlagen gar keine oder viel zu wenig Beachtung finden.

Häufig wird der Text des Anschreibens – wenn überhaupt – flüchtig überflogen (30 Sekunden bis maximal 1,5 Minuten). Der Leser wendet sich dann in der Regel schnell der beigefügten Bewerbungsmappe, insbesondere dem Foto des Bewerbers, seinen Interessen, Hobbys oder sonstigen Kenntnissen, den formalen Ausbildungs- und Arbeitsdaten zu. Erst wenn dies geschehen und ein positives Zwischenresultat im Kopf des Lesers abgespeichert ist, finden die weiteren Anlagen – meist Arbeits- und Ausbildungszeugnisse – Beachtung.

Was also tun? Fügen Sie doch die sogenannte Dritte Seite bei.

Beim Blättern in Ihren Unterlagen stößt der Personalchef auf die für ihn unerwartete Seite mit der Überschrift:

- *Was mir wichtig ist*

  oder:

- *Was Sie noch wissen sollten*

Wer könnte da widerstehen? Dieser Text wird bestimmt – trotz allen Zeitdrucks – sehr aufmerksam gelesen und zur Kenntnis genommen. Wem es an dieser Stelle gelingt, in wenigen kurzen Sätzen das richtige Bild zu vermitteln, kann – wenn die anderen Eckdaten stimmen – mit einer Einladung zum Vorstellungsgespräch rechnen.

Diese Dritte Seite hebt Sie positiv von der Menge der eingesandten Bewerbungsunterlagen ab. Eine fantastische Chance für Sie als Bewerber, als »Drehbuchautor« und »Regisseur« Ihrer »Verkaufs-« (d. h. Bewerbungs-)Unterlagen.

PRAXISBEISPIEL

Meine Schokoladenseite

Persönlich finde ich die Einführung einer sogenannten Dritten Seite in die Bewerbungsunterlagen sehr sinnvoll. Ich kann mir aber auch vorstellen, dass nicht alle Bewerbertexte wirklich gut sind und manch einer sich eher mit seinen stümperhaften Aussagen schadet als nutzt. Im Bekanntenkreis habe ich die unterschiedlichsten Einschätzungen gehört. Viele kannten diese Möglichkeit überhaupt nicht. So entschied ich mich, es nur bei jeder zweiten Bewerbung mit einer Dritten Seite zu versuchen.

Diese zusätzliche, sich an den Lebenslauf, beruflichen Werdegang etc. anschließende Seite hat vielen von uns beratenen Bewerbern eine Einladung zum Vorstellungsgespräch eingebracht.

Etwas bekannter und bereits Bewerbungsstandard ist an dieser Stelle vielleicht eine Extraseite mit der Auflistung von Publikationen (so Sie welche zu verzeichnen haben, ggf. Diplomarbeit o. Ä., Kurzzusammenfassung, Ergebnisse), der Skizzierung von besuchten Fortbildungsveranstaltungen, besonderen Arbeitsschwerpunkten oder Projekten, die für Sie als den richtigen Kandidaten sprechen.

Bisweilen wird immer noch eine Handschriftenprobe abverlangt, und manche Kandidaten schreiben dann offensichtlich in Ermangelung einer kreativen Idee skurrile Texte aus der Zeitung ab, was auch eine Art Dritte Seite darstellt.

Unsere Dritte Seite kann zusätzlich oder alternativ verwendet werden und transportiert richtig konzipiert die entscheidenden Argumente, warum Sie als Bewerber unbedingt in die engere Auswahl gehören, also zum Vorstellungsgespräch eingeladen werden und den vakanten Arbeitsplatz einnehmen sollten.

Ob handschriftlich mit blauer Tinte oder wie die anderen Seiten per Laser- oder Tintenstrahldrucker erstellt – mit dem richtigen Konzept, einer guten Formulierung und der trotz allem notwendigen Kürze erreichen Sie die optimale Aufmerksamkeit des auswählenden Lesers.

GESTALTUNGSDETAILS

Papier

Es empfiehlt sich, das gleiche Papier zu nehmen wie für die vorangegangenen Seiten (etwas schwereres, festes Papier, evtl. mit Wasserzeichen). Denkbar wäre aber auch ein ganz besonderes, wertvolles Papier, wie es z. B. für Urkunden verwendet wird. In jedem Fall muss es sich gegenüber den übrigen folgenden Anlagen (Zeugniskopien etc.) deutlich positiv abheben.

Überschrift

Die Überschrift hat die Funktion zu überraschen, Interesse und Neugierde zu wecken und inhaltlich kurz auszusagen, worum es geht. Hier einige weitere Beispiele:

- *Zu meiner Bewerbung*
- *Meine Motivation*
- *Warum ich mich bewerbe*
- *Zu meiner Person*
- *Was Sie noch wissen sollten*
- *Ich über mich*
- *Was mich qualifiziert*
- *Warum ich?*

Der Kreativität sind fast keine Grenzen gesetzt. Überschrift und Text sollten aber passen! Eventuell schreiben Sie die Headline mit der Hand. Am besten bringen Sie erst einmal die zu vermittelnde Botschaft zu Papier und formulieren dann die geeignete Titelzeile.

Aufbau

Was sind die Argumente und Aussagen, was ist Ihre Botschaft, die bei dem auswählenden Leser Ihr Ziel erreicht, also eine Einladung zum persönlichen Gespräch bewirkt?

Da Sie etwa 7 bis maximal 15 Zeilen zur Verfügung haben ...

(Bitte nicht mehr als etwa 60 Anschläge, übliche Schriftgröße, bloß nicht zu klein, fürs Auge zu beschwerlich, grafisch unappetitlich.)

... ist hier der entscheidende Platz, Ihre Person entsprechend vorzustellen.

Inhalt

Thematisch kommen Aussagen zu Ihrer Person, Motivation und Kompetenz infrage. Versuchen Sie aber bloß nicht, zu viele Informationen auf diese eine Seite zu pressen, das würde eher einen nachteiligen Eindruck erzeugen.

Inhaltlich darf die von Ihnen gewählte Botschaft in Zusammenhang stehen mit Aussagen im Anschreiben, mit Lebenslauf- und Arbeitsplatzstationen und darüber hinaus noch etwas persönlicher, pointierter formuliert sein.

Bloße Aufzählungen wie »Ich bin der Größte, Schnellste, Schönste« etc. überzeugen wenig, bewirken eher das Gegenteil. Nicht die pure Aneinanderreihung bringt es, sondern die für den Leser nachvollziehbare – weil auch im Lebenslauf erkennbare – Argumentation.

Abschluss

Ob Sie zum Abschluss mit königsblauer Tinte unterschreiben oder nicht (Ort, Datum), steht Ihnen frei. Wir jedenfalls empfehlen es.

Die Anlagen

Das Wort »Anlagen« suggeriert, es könnte sich um eine Art nebensächliches Anhängsel handeln. Doch Vorsicht! Unterschätzen Sie nicht die Bedeutung dieser Papiere.

Arbeitszeugnisse

Ziemlich wichtig: Wissen Sie, was wirklich in Ihren Arbeitszeugnissen über Sie ausgesagt wird? In Zeugnissen findet eine Art »Geheimsprache« Verwendung. Um sicher zu sein, informieren Sie sich. Holen Sie Expertenrat ein.

Diplom-, Ausbildungs- und Arbeitszeugnisse

Legen Sie solche Zeugnisse bitte nur bei, wenn diese nicht älter als zehn, fünfzehn Jahre sind. Generell gilt: immer den höchsten Ausbildungsabschluss in die Anlage, d. h. bei Studium kein Abitur-Zeugnis, bei Abitur keins der mittleren Reife etc.

Zertifikate

Zertifikate von privaten Einrichtungen oder Kursen, wie Nachtangeln in Katalanien, Topflappenhäkeln in der Toskana, sind nur dann sinnvoll, wenn sie mit der Bewerbung in unmittelbarem Zusammenhang stehen. Zertifikate über Volkshochschulkurse können Sie beifügen, wenn sie speziell Ihrer beruflichen Weiterbildung gedient haben.

Handschriftenprobe

Falls eine von Ihnen verlangt wird: Widersetzen Sie sich der Bitte um einen handgeschriebenen Lebenslauf. Sie kommen in Platznöte, und schön sieht eine solche Präsentation auch nicht aus. Nutzen Sie vielmehr die Gelegenheit, handschriftlich auf einer Extraseite (nach dem maschinenschriftlichen Lebenslauf) mit einigen gut platzierten Sätzen auf sich aufmerksam zu machen; umreißen Sie die Motivation Ihrer Bewerbung und weisen Sie nochmals auf Ihre Qualitäten hin. Schreiben Sie bloß nichts aus der Zeitung ab. Entwerfen Sie ein paar Sätze als Eigenwerbung.

Referenzen

Wollen und können Sie jemanden benennen, der für Sie als Fürsprecher auftritt? Nahe Verwandte sind nicht akzeptabel. Ihr zukünftiger Chef wünscht sich einen Profi, der längere Zeit mit Ihnen zusammengearbeitet hat. Es kann sich deshalb nur um Vorgesetzte handeln, in Ausnahmefällen um Personen mit öffentlicher Autorität (vom Bürgermeister bis zum Pfarrer).

Sprechen Sie potenzielle Referenzgeber an, klären Sie ab, was Sie über sich berichtet haben wollen (egal ob mündlich oder schriftlich). Falls Sie niemanden finden, nicht schlimm, denn die Bewertung von Referenzen ist keineswegs eindeutig. Personalchefs, die über einen Bewerber etwas herausfinden möchten, bevorzugen oft ihre eigenen Informationswege. Sie verdächtigen den Bewerber und seine Referenzpersonen der Subjektivität.

Wenn Sie wissen wollen, was Ihr ehemaliger Arbeitgeber von Ihnen hält, gibt es einen Trick. Bitten Sie eine Person Ihres Vertrauens, bei Ihrem letzten Chef anzurufen, und lassen Sie diese – getarnt als potenzieller neuer Arbeitgeber – eine Einschätzung Ihrer Person einholen.

Ein ehemaliger Arbeitgeber darf (laut Gesetz) nichts Nachteiliges über ausgeschiedene Mitarbeiter aussagen. Er muss sogar, falls er durch seine negativen Auskünfte eine Beschäftigung des Bewerbers bei einer anderen Firma verhindert, für den Schaden (Verdienstausfall etc.) aufkommen. So ist es zumindest in der Theorie. In der Praxis wird das allerdings nur sehr schwer nachzuweisen sein.

Arbeitsproben

Eigentlich kein Thema. Aber denken Sie daran: Ihre kompletten Bewerbungsunterlagen sind bereits eine erste Arbeitsprobe! Wie Sie sich präsentieren, wie sorgfältig Sie mit sich umgehen, sagt eine ganze Menge. Geben Sie sich Mühe, werden Sie sich auch bei der Arbeit engagieren. Gut formulierte und strukturierte Bewerbungsunterlagen sprechen für die Klarheit Ihres Denkens etc.

MERKBLOCK

Eine Übersicht über Ihre Anlagen als Extraseite nach Ihrem beruflichen Werdegang spricht für Sie und Ihren Arbeitsstil, insbesondere dann, wenn Sie mehr als nur drei oder vier Anlagen anzubieten haben.

Das Anschreiben

Das Anschreiben verfassen Sie am besten ganz am Schluss. Nehmen Sie darin deutlich Bezug auf den Text im Stellenangebot (wenn es sich um ein Bewerbungsschreiben auf eine Anzeige hin handelt) oder den sonstigen Bewerbungsanlass (z. B. auf ein vorab geführtes Telefonat, auf eine unaufgeforderte Bewerbung).

Welche Argumente sprechen dafür, dass Sie der richtige Bewerber für die zu besetzende Stelle sind? Was sind Ihre Qualifikationen und Qualitäten (Kenntnisse, Fähigkeiten, Eigenschaften), die z. B. den im Anzeigentext genannten Anforderungen entsprechen? Warum bewerben Sie sich (Motivation), was ist Ihr Ausgangspunkt und was sind Ihre Ziele (ggf.: Ab wann sind Sie verfügbar)? Eine prägnante Zusammenfassung der wichtigsten Pro-Argumente ist die Herausforderung. Was spricht für Sie als Bewerber?

Nach diesen in der Regel fünf bis maximal zehn (in Ausnahmefällen höchstens vierzehn) gut formulierten, überzeugenden Sätzen endet Ihr Bewerbungsanschreiben (hoffentlich nur eine Seite!) mit der Bitte um ein Vorstellungsgespräch, der Grußformel, Ihrer Unterschrift (Vor- und Zuname) und dem Hinweis auf die Anlagen.

Bewerbungsprofis entwickeln übrigens drei alternative Anschreiben, um diese einer selbst gewählten »Personalkommission« vorzulegen. Durch Tipps und kritische Anregungen von anderen lässt sich das Bewerbungsanschreiben oftmals wesentlich verbessern und von Mal zu Mal überzeugender gestalten.

Mit Rücksicht auf die Arbeitgeberpsyche (»immer gehetzt, immer unter Strom«) sollten Sie die goldene Regel berücksichtigen: In der Kürze liegt die Würze. Am besten ist ein Anschreiben von einer Seite. Vertretbar sind maximal eineinhalb Seiten, aber nur, wenn Sie wirklich etwas ungewöhnlich Wichtiges zu kommunizieren wissen. Natürlich mögen Sie Gründe haben, warum Sie nicht mit weniger als zwei Seiten auskommen. Aber damit erzeugen Sie beim eiligen Leser schon mehr als nur Ungeduld. Mit mehr als eineinhalb Seiten sind Sie mit Sicherheit aus dem Rennen. Zwanghafte Personalchefs legen übrigens eingehende Bewerbungsunterlagen bisweilen auf die Briefwaage und bei klarem Übergewicht sofort auf den Absagestapel.

Aufbau

»Sehr geehrte Damen und Herren« – so beginnen meist Geschäftsbriefe. Wenn Sie diese Anrede in einem Bewerbungsschreiben wählen, kann diese Formel einen groben Fehler darstellen. Nämlich dann, wenn aus der Anzeige hervorgeht, dass eine bestimmte Person diese Bewerbung entgegennimmt. An sie müssen Sie das Bewerbungsanschreiben namentlich adressieren. Das allgemeine »Sehr geehrte Damen und Herren« könnte von Ihrem potenziellen Arbeitgeber als Schluderigkeit gedeutet werden.

Das ist nur ein Beispiel dafür, wie aufmerksam Sie mit der Anzeige umgehen sollten. Sie kommen nicht darum herum, auf den Text im Stellenangebot Bezug zu nehmen.

Wenn Sie sich unaufgefordert bewerben, müssen Sie sich vorher (z. B. telefonisch) informieren, an wen Sie Ihr Anschreiben am besten adressieren, um dann klar herauszustellen, was Sie anzubieten haben.

Versuchen Sie zu erklären, warum Sie der richtige Bewerber bzw. die richtige Bewerberin für die zu besetzende Stelle sind. Was sind Ihre Qualifikationen und Qualitäten? Garantiert falsch: 08/15-Anschreiben, die verschickt werden wie eine Massensendung.

Um einen besseren Eindruck zu machen, beantworten Sie folgende Fragen: Warum bewerben Sie sich, wo stehen Sie jetzt, und was sind Ihre Ziele? Antworten auf diese Fragen sollten aus Ihrem Anschreiben ebenso klar wie knapp hervorgehen. Beenden Sie Ihren Brief wie schon aufgeführt mit der Bitte um ein Vorstellungsgespräch, der Grußformel (»Mit freundlichen Grüßen«), Ihrer Unterschrift (Vor- und Zuname) und dem Hinweis auf die Anlagen (diese brauchen nicht einzeln aufgelistet zu werden).

Auftakt

Jeder Journalist muss seine Leser mit dem ersten Satz neugierig machen, fesseln und zum Weiterlesen »verführen«. Denn Leser sind ungeduldig. Genau dasselbe gilt auch für Chefs. Deshalb sollten Sie den Einstieg zu Ihrer Bewerbung so gestalten, dass Ihr Arbeitgeber »dranbleiben« will. »Hiermit bewerbe ich mich um ...« oder »Ich beziehe mich auf Ihre Anzeige ...« sind stereotype und sehr langweilige Einstiege. Als Richtlinien für den Anfang gelten: Spannung erzeugen – Interesse wecken – Freundlichkeit vermitteln. Denken Sie an die AIDA-Formel (s. S. 45).

Hier einige mögliche Eröffnungen:

- *In Ihrer Anzeige vom ... suchen Sie eine/n ...*
- *Sie beschreiben eine berufliche Aufgabe, die mich besonders interessiert ...*
- *Ich beziehe mich auf die von Ihnen ausgeschriebene Position ...*
- *Mit großem Interesse habe ich Ihre Anzeige gelesen und möchte mich Ihnen als ... vorstellen*
- *Sie suchen einen ...*
- *Ich bin ... und habe mit großem Interesse ... gelesen ...*
- *Die von Ihnen ausgeschriebene Position/Aufgabe ...*
- *Ich stelle mich Ihnen als ... vor und habe großes Interesse an ...*

Hauptteil

Im Hauptteil Ihres Briefes liefern Sie alle Informationen, die wirklich substanziell sind. Sie müssen hier in kurzer und prägnanter Form darstellen, warum Sie sich bewerben und weshalb Sie der richtige, geradezu ideale Bewerber sind. Vermitteln Sie, dass Sie genau ins Anforderungsprofil der Firma passen.

Schluss

Auch hier nicht in Plattheiten abgleiten, sondern einen freundlich-verbindlichen Schlusston setzen. Der letzte Satz klingt immer noch ein paar Momente im Gedächtnis nach. Nutzen Sie eventuell die Gelegenheit, durch ein »PS« nochmals auf sich und Ihr Anliegen aufmerksam zu machen. Führen Sie einen Aspekt an, der Ihnen einen zusätzlichen Pluspunkt bringt. Vielleicht gefällt das freundliche Postskriptum. Aufmerksamkeitsanalysen haben ergeben, dass auf einer Briefseite das Postskriptum nach der Bezugzeile (oder einer anderen Überschrift) die größte Beachtung findet.

Einige Abschlusssätze:

- *Wenn ich/meine Bewerbung Ihr Interesse geweckt habe/hat, freue ich mich über eine Einladung zu einem Vorstellungsgespräch.*
- *Sollten Ihnen meine Bewerbungsunterlagen zusagen, stehe ich Ihnen gern für ein Vorstellungsgespräch zur Verfügung.*
- *Wenn Sie nach Durchsicht der Unterlagen weitere Informationen bzw. ein erstes persönliches Gespräch wünschen, so stehe ich hierfür gern zur Verfügung.*
- *Ich würde mich freuen, wenn Sie mich nach Prüfung der Unterlagen zu einem Vorstellungsgespräch einladen. Hier könnten wir dann gegebenenfalls weitere Details (z. B. Eintrittstermin, Gehalt) besprechen.*
- *Über die Einladung zu einem Gespräch freue ich mich.*
- *Für alle weiteren Auskünfte stehe ich Ihnen gerne in einem persönlichen Gespräch zur Verfügung.*

BEISPIELE FÜR EIN ANSCHREIBEN

Die Stellenanzeige

Sanitärhaus Sturm

Wir suchen einen jungen, fleißigen Sanitärfachmann, der auch gelegentlich in unserem Hauptgeschäft unsere Kunden berät.

Wir erwarten
- abgeschlossene Berufsausbildung
- mindestens dreijährige Praxis
- selbstständiges Arbeiten
- Flexibilität (auch Wochenenddienst)
- Erfahrungen im Verkauf
- möglichst PC-Kenntnisse

Ihre schriftliche Bewerbung richten Sie an:
Anton Sturm, Burgalle 135, 21205 Hamburg

Was ist wichtig?

Hier sucht ein Handwerksbetrieb eine neue Arbeitskraft. Wichtig scheinen die Einsatzfreude und die zeitliche Flexibilität des besser jungen und doch schon erfahrenen Bewerbers zu sein. Aber auch Selbstständigkeit und Verkaufserfahrungen sowie PC-Kenntnisse werden gewünscht. Da eine Adresse angegeben ist, empfiehlt es sich, inkognito die Örtlichkeiten einmal anzuschauen, um einen ersten Eindruck vom Unternehmen zu bekommen. Sie wissen dann auch bereits, wie lang der Anfahrtsweg ist. Ggf. schaut man im Branchentelefonbuch nach, um die Adresse zu überprüfen.

Unser Bewerber

Peter Pischer ist gelernter Gas-/Wasserinstallateur und hat bereits fünf Jahre in seinem Beruf als Geselle gearbeitet. Seit einem halben Jahr ist er aber arbeitslos, nachdem der Kleinbetrieb seines Meisters, bei dem er auch die Ausbildung gemacht hatte (Abschluss: gut), in Konkurs ging. In dieser Zeit hat Pischer einen Fortbildungslehrgang besucht und sich als Aushilfstätigkeit einen Nebenjob als Hausmeister organisiert. Nun möchte er jedoch endlich wieder in einem Handwerksbetrieb seiner Branche einen vollen Arbeitsplatz einnehmen. Er ist ziemlich flexibel, was den Arbeitsanfang anbetrifft. Vergleichen Sie die beiden folgenden Anschreiben.

LERNTEST

3. Lerntest: Offene Fragen zur schriftlichen Bewerbung

a) Wie viele Seiten sollte Ihr Anschreiben umfassen?
b) Welche Schrifttypen gehören zu den klassischen Standardschrifttypen, in denen etwa 90 Prozent aller Bewerbungstexte geschrieben sind?
c) Für welche Schriftgröße entscheiden Sie sich?

Die richtige Lösung finden Sie auf Seite 99.

Lösung 2. Lerntest: d, c, b (eingeschränkt auch Antwort a)

Peter Pischer
Am Wallgraben 2
20201 Hamburg

Sanitärhaus Anton Sturm
Burgalle 135
21205 Hamburg

Hamburg, den 29.09.2010

Betr.: Ihre Anzeige

Sehr geehrte Damen und Herren,

ich bin gelernter Sanitärfachmann und möchte mich auf Ihre Anzeige bewerben. Sie suchen einen fleißigen und flexiblen Praktiker, der auch Erfahrungen im Verkauf nachweisen kann. Das kann ich. Leider bin ich zurzeit arbeitslos und suche deshalb mit allem Nachdruck und schnell eine neue Stelle.

Ich habe mich neben der Arbeit auch immer fortgebildet durch den Besuch der jährlichen Fachmessen und einen Speziallehrgang im April 2009 zur Vorbereitung eines Schweißprüfungslehrganges. Um nicht tatenlos zu Hause rumzusitzen, habe ich eine Nebentätigkeit als Hausmeister für 3 große Wohnblocks in unserer Straße übernommen. Ich habe bei dieser Tätigkeit meine handwerkliche Geschicklichkeit vielfältig unter Beweis gestellt.

Ich bin sicher, ich erfülle alle Ihre Voraussetzungen und Anforderungen, und würde mich freuen, wir kämen zu einem Vorstellungsgespräch zusammen. Ich stehe ihnen dazu jederzeit zur Verfügung und würde mich freuen, von Ihnen bald zu hören.

Mit freundlichen Grüßen

Pischer

Peter Pischer

Peter Pischer / Anschreiben / 1., schlechte Version (Kommentar auf Seite 98)

Peter Pischer • Am Wallgraben 2 • 20201 Hamburg • Telefon: 3542612

Herrn
Anton Sturm
Sanitärhaus Sturm
Burgalle 135
21205 Hamburg

Hamburg, 29.09.2010

Ihre Anzeige vom 27.09.2010 im Abendblatt
Stichwort: fleißiger Sanitärfachmann

Sehr geehrter Herr Sturm,

vielen Dank für das freundliche und informative Telefonat. Ihre Ausführungen haben mich bestärkt, Ihnen meine Bewerbungsunterlagen zu schicken.

Nach meiner Ausbildung zum Gas-/Wasserinstallateur (Abschlussnote: gut) habe ich fünf weitere Jahre in meinem Ausbildungsbetrieb gearbeitet. Während dieser Zeit wurde ich sowohl mit Aufgaben der Altbausanierung betraut als auch in unserem Verkaufsgeschäft in der Müllerstraße bei der Kundenberatung und im Verkauf eingesetzt.

Der Umgang mit der Kundschaft hat mir immer sehr viel Spaß gemacht, und ich denke von mir sagen zu können, dass ich ein gewisses Verkaufstalent habe. Da wir nur ein Kleinbetrieb waren, hat mich mein Chef von Anfang an stark gefordert und mir eine sehr selbstständige Arbeitsweise abverlangt. Diese habe ich, wie Sie aus meinem Arbeitszeugnis entnehmen können, zu seiner vollsten Zufriedenheit erfüllt.

Bedingt durch den Konkurs meines Arbeitgebers aufgrund eines Großkunden, der selbst in Zahlungsschwierigkeiten gekommen war, musste ich mich um eine andere Tätigkeit zur Überbrückung bemühen. Diese fand ich kurz darauf als Hausmeister und handwerkliche Allroundkraft. Hier habe ich nicht nur meine Flexibilität und Einsatzstärke erneut unter Beweis gestellt, sondern konnte auch meine sonstigen handwerklichen Fähigkeiten weiter ausbauen. Zusätzlich habe ich mich auch in dieser Zeit beruflich fortgebildet, wie Sie den beigefügten Anlagen entnehmen können.

Es würde mich freuen, Sie in einem Vorstellungsgespräch von meiner Qualifikation überzeugen zu können, und bitte Sie deshalb, mich einzuladen. Eine Arbeitsaufnahme könnte dann sehr schnell erfolgen.

Mit freundlichen Grüßen

Peter Pischer

PS: Diese Bewerbungsunterlagen erstelle ich auf meinem eigenen PC (Modell XXX), sodass ich Ihre Anforderungen diesbezüglich sicher alle erfüllen kann.

Anlagen

Peter Pischer / Anschreiben / 2., verbesserte Version (Kommentar auf Seite 98)

Anschreiben: 1. Version

Absender und Briefkopfzeile sind nicht nur langweilig, sondern auch leider unvollständig. Die Telefonangabe fehlt und würde somit eine schnelle telefonische Kontaktaufnahme (vielleicht die Einladung zum Vorstellungsgespräch) verhindern bzw. deutlich erschweren.

Das **Datum** schreibt man heutzutage etwas anders (siehe 2., verbesserte Version). Das ist zwar nicht besonders schlimm, aber dennoch verbesserungswürdig.

Die **Betreffzeile** ist in dieser Form völlig veraltet (man schreibt nicht mehr »Betr.:«) und auch wenig aussagekräftig. Welche Anzeige in welcher Zeitung zu welchem Zeitpunkt? Also unbedingt verbessern.

Die **Anrede** ist sehr unglücklich formuliert. Warum nicht den angegebenen Namen benutzen (Anton Sturm)?

Der **Inhalt** wirkt leider nicht sehr überzeugend. Stilistisch hat der Text einige »Hänger« und der wiederholte »Ich«-Satzanfang (nicht nur alle drei Absätze!) ist sehr unschön. Hier steckt das größte Verbesserungspotenzial. Hinzu kommt: Der Bewerber hat viele Argumente, die für ihn sprechen und offensichtlich auch für das Unternehmen von Bedeutung sind, nicht genutzt. Einzig positiver Aspekt: die Kürze und Gliederung (Absatzgestaltung!). Leider ist der Zeilenumbruch nicht immer ganz glücklich. Vielleicht auch noch positiv: die ungeschickte, jedoch ehrlich wirkende Aussage über die Arbeitslosigkeit und den starken Wunsch, beruflich schnell etwas zu finden. Das sollte aber wirklich besser ausformuliert werden. Last but not least: Trotz neuer Rechtschreibung sollten Sie die Anrede immer großschreiben (im letzten Satz: »ich stehe *Ihnen*«).

Die **Unterschrift** wird nun mal nicht maschinenschriftlich wiederholt. Kein großer, aber doch unnötiger Fehler. Sie sollten aber bitte stets mit Vor- und Zunamen unterschreiben.

Die **Anlagen** fehlen zwar nicht wirklich, sind hier aber nicht erwähnt. Schlecht!

Das Fazit: Schade, aber aus Fehlern lernt man (und vor allem Sie als Leser!) vielleicht am meisten. Und dass z. B. nicht die Chance wahrgenommen wurde, vorab zu telefonieren, gehört auch dazu. Also unbedingt besser machen.

Das Anschreiben: 2., verbesserte Version

Der **Absender**, die **Briefkopfzeile,** ist jetzt vollständig und nicht mehr langweilig. Des Weiteren sind verbessert worden:

- Das **Datum** wurde in die richtige Form gebracht.
- Die **Betreffzeile** ist aussagekräftig formuliert (Anzeige, Zeitung, Zeitpunkt).
- Die **Anrede** ist persönlich formuliert. Es wurde vorab telefoniert, was die Chancen enorm erhöht.
- Der **Inhalt** wirkt viel überzeugender. Stilistisch hat der Text gewonnen (keine »Hänger« und »Ich«-Satzanfangwiederholungen), ist aber etwas länger geworden. Der Bewerber bringt jetzt deutlich mehr Argumente, die für ihn sprechen und als Anforderung im Anzeigentext des Unternehmens standen. Die Gliederung (Absatzgestaltung!) ist weiterhin schön geblieben, und die ungeschickte Aussage über die aktuelle Arbeitslosigkeit unterbleibt, ebenso der Rechtschreibfehler. Das »PS« am Ende ist ein besonders gut gelungener, ein überzeugender Hinweis.
- Die **Unterschrift** (jetzt vollständig) wird nicht mehr maschinenschriftlich wiederholt.
- Der **Anlagenhinweis** fehlt nicht mehr.

Das Fazit: So werden alle Chance wahrgenommen, vom Vorabtelefonat bis zum »PS-PC-Argument«. Kaum noch besser zu machen, wenngleich auch etwas lang geraten.

MERKBLOCK

Ein Hinweis zur Entlastung: Ein gelungenes PS, eine gut formulierte Betreffzeile sind „Arbeitsproben" im ansonsten eher unbedeutenden Anschreiben, die für Sie sprechen und auf Sie neugierig machen.

Die Stellenanzeige

Es folgt ein weiteres Beispiel eines Anschreibens. Auch hier haben wir zur Orientierung die Stellenanzeige abgedruckt, die der Bewerbung vorausging.

Die Dot Internet Service AG

Als einer der größten Dienstleister im weltweiten IT-Bereich (in über 50 Ländern mit insgesamt 200 Niederlassungen) stehen wir für absolute Kompetenz und Stärke.

Unser international agierendes Mutterunternehmen will Expansion um jeden Preis. Deshalb suchen wir Sie als

Marketing-Manager/in mit Vertriebserfahrung

und unternehmerischer Durchsetzungskraft.

Als pragmatisch, aber analytisch denkende(r) Stratege/in, als Spezialist/in in Sachen Assets & Powersale haben Sie positiv überzeugende Ausstrahlungskraft und kommunizieren erfolgreich unsere Konzepte, die Sie später auch beim Kunden effizient in die Praxis implantieren.

Neben exzellenten Englischkenntnissen besitzen Sie einen typischen Hochschulabschluss, Erfahrungen und Persönlichkeit, die Sie für diese herausragende Aufgabe qualifizieren.

Mit uns zum Ziel der Marktführerschaft
auf dem heißesten Markt der Welt.

Wir freuen uns auf Ihre uns überzeugenden Unterlagen mit Gehaltswunsch und Eintrittstermin.

Die Dot Internet Service AG
Human Resources Frau Steffanie Stoss
Hamburger Allee 11–15
D-2002 Hamburg
Tel: 040 123 45 67 Fax: 040 123 54 76
E-Mail: job@dotitservice.com

Was ist wichtig?

Der Anzeigentext spart nicht an Superlativen. Dem kritischen Leser drängt sich diese stark narzisstisch geprägte Businessorientierung deutlich auf. »Mit uns zum Ziel … um jeden Preis Expansion …« usw. Hier sucht man Macher(innen), die etwas »auf dem heißesten Markt der Welt« erfolgsorientiert voranbringen wollen. Kampfstimmung und doch Ausstrahlung, Durchsetzungsvermögen, Optimismus sind gefragt und Praxiserfahrung Bedingung. Ein Profi mit Repräsentationspotenzial – und das sieht man ja auch schon an den Bewerbungsunterlagen – hätte eine gute Chance. Für eine telefonische oder E-Mail-vorab-Kontaktaufnahme gibt es die nötigen Infos.

Unsere Bewerberin

Sandra Sonnenberger ist Kommunikationswirtin und verfügt über eine fünfjährige Berufserfahrung in einer Marketing- und Vertriebsabteilung eines großen Dienstleisters (Berufsbekleidung). Sie hat ein Jahr in der Londoner Zentrale gearbeitet und sich durch verschiedene Seminarprogramme (Führung, Zeitmanagement, Verhandlungstechniken) weitergebildet. Ihre Kündigungsfrist beträgt drei Monate zum Quartalsende, und ihr aktuelles Gehalt liegt bei 65.000 EUR p. a.

LERNTEST

4. Lerntest: Richtig oder falsch oder …

Welche Aussage ist richtig, welche falsch, welche kann man so nicht ohne Weiteres stehen lassen? Bitte kreuzen Sie **R** oder **F** oder ggf. auch **?** an.

a) Das vielleicht wichtigste Element in Ihrer Bewerbungsmappe ist Ihr Foto. **R** ☐ **F** ☐ **?** ☐

b) Ein eigenes Stellengesuch aufzugeben ist eine ziemlich aufwendige Sache. **R** ☐ **F** ☐ **?** ☐

c) Den Lebenslauf nicht zu unterschreiben ist einer der häufigsten Kardinalfehler bei einer schriftlichen Bewerbung. **R** ☐ **F** ☐ **?** ☐

Die richtige Lösung finden Sie auf Seite 115.

Lösung 3. Lerntest:

a) Antwort: Möglichst nur eine und die nicht zu vollgeschrieben! In seltenen Fällen dürfen es auch mal anderthalb sein!
b) Antwort: Times New Roman und Arial
c) Antwort: zwischen 11 und 13 Punkt

Vorsicht! 1., schlechte Version

Sandra Sonnenberger
Wilmersdorfer Str. 104
81240 München
Tel: 089 5534213

Dot Internet Service AG
Human Resources
Frau Steffanie Stos
Hamburger Allee 11-15
D-2002 Hamburg

20. Oktober 2010

Ihr Inserat in der *Süddeutschen Zeitung* vom 18. Oktober 2010
»Marketing-Managerin mit Vertriebserfahrung«

Sehr geehrte Frau Stoss,

schon lange ist es mein Wunsch, für Ihr Unternehmen, das ich im Laufe meiner Berufstätigkeit als stellvertretende Marketing- und Vertriebsleiterin für ein großes Mietservice-Unternehmen in der Arbeitsbekleidungsbranche kennen- und schätzen gelernt habe, zu arbeiten.
Diesen Wunsch sehe ich jetzt schon bald in Erfüllung gehen. Mein berufliches Profil passt gut zu Ihren in der Anzeige aufgeführten Anforderungen.

Im Rahmen meiner weiteren beruflichen Entwicklung suche ich jetzt eine neue Herausforderung, in die ich meine bisherigen Erfahrungen einbringen und durch die ich mich weiter vervollkommnen kann. Ich liebe die Herausforderung und habe mehrfach unter Beweis gestellt, außergewöhnliche Umsatz- und Gewinnsteigerungen realisieren zu können.

Ein Ortswechsel nach Hamburg gefällt mir gut.

Weitere Details zu meinem beruflichen Werdegang und den persönlichen Daten entnehmen Sie bitte den beigefügten Unterlagen.

In einem persönlichen Gespräch würde ich Sie gerne von meinen Potenzialen überzeugen.
Ich besuche Sie sehr gerne in Hamburg und freue mich auf Ihre Antwort.

Mit freundlichen Grüßen aus München

Anlagen

Sandra Sonnenberger / Anschreiben / 1., schlechte Version (Kommentar auf Seite 102)

Sandra Sonnenberger
Kommunikationswirtin

Wilmersdorfer Str. 104
81240 München
Tel: 089 5534213
E-Mail: sa.so@t-online.de

Dot Internet Service AG
Human Resources
Frau Steffanie Stoss
Hamburger Allee 11–15
D-2002 Hamburg

20. Oktober 2010

Ihr Inserat in der Süddeutschen Zeitung vom 18. Oktober 2010
»Marketing-Managerin mit Vertriebserfahrung«

Sehr geehrte Frau Stoss,

unser Telefonat hat mich nur noch weiter darin bestärkt, Ihnen meine Bewerbungsunterlagen zu schicken. Vielen Dank für die Zeit, die Sie sich für mich genommen haben.

Hier nochmals kurz meine beruflichen und persönlichen Daten:
Ich bin 32 Jahre alt, studierte Kommunikationswirtin und verfüge über eine 5-jährige Berufserfahrung, die letzten beiden Jahre als stellvertretende Marketing- und Vertriebsleiterin für ein großes Mietservice-Unternehmen in der Arbeitsbekleidungsbranche.

Im Rahmen meiner beruflichen Entwicklung suche ich eine neue Herausforderung, in die ich meine fundierten Marketingkenntnisse (Direktverkauf) und mein Vertriebstalent (Organisation und Logistik) einbringen kann. Aufgrund meiner Leistungen wurde ich in den letzten Jahren durch besondere Schulungen, einen 1-jährigen Auslandsaufenthalt (Londoner Zentrale) und hohe Tantiemen gefördert und belohnt. Ich liebe die Herausforderung und habe mehrfach unter Beweis gestellt, außergewöhnliche Umsatz- und Gewinnsteigerungen realisieren zu können.

Da ich ortsungebunden bin und Hamburg sehr mag, könnte ich mir einen Start ab dem 1. Januar 2011 (eventuell auch etwas früher) gut vorstellen. Meine Gehaltsvorstellungen liegen bei etwa 70 000 – 75 000 EUR p. a.

In einem persönlichen Gespräch würde ich Sie gerne von meinen Potenzialen überzeugen und freue mich auf Ihre Antwort.

Mit freundlichen Grüßen aus München

Sandra Sonnenberger

Anlagen

Sandra Sonnenberger / Anschreiben / 2., verbesserte Version (Kommentar auf Seite 102)

MERKBLOCK

Über die Bedeutung des Anschreibens

Nicht, dass das Anschreiben völlig unwichtig ist! Es wird jedoch in seiner Bedeutung von den meisten Bewerbern überschätzt. Alles, was zählt, muss sich in Ihrem beruflichen Werdegang (Lebenslauf) befinden, muss da gut vorgetragen sein ...

Nicht, dass Sie allein im Anschreiben darauf hinweisen, Sie hätten für besondere Leistungen vor Kurzem eine Auszeichnung erhalten, und im Lebenslauf steht davon überhaupt nichts. Sie würden riskieren, dass man so nie etwas dazu erfährt, denn häufig genug wird das Anschreiben nur, wenn überhaupt, flüchtig gelesen, nachdem man sich auf Auswählerseite den Lebenslauf ziemlich genau angeschaut hat und Sie für interessant hält.

Das Anschreiben: 1. Version

Das **Formale** scheint o.k., bis auf einen peinlichen Fehler, ausgerechnet im Namen der Personalchefin (Stos statt Stoss). Im ersten Moment wirkt der Brief insgesamt ansprechend, gut gegliedert, optisch angenehm, selbst wenn uns die Bewerberin nicht genau wissen lässt, wer ihr jetziger Arbeitgeber ist. In ihrer Position (und Gehaltsklasse) darf das schon sein.

Der **Absender**, die Briefkopfzeile, ist nicht langweilig, jedoch könnte man hier zu Recht die E-Mail-Adresse vermissen; schließlich bewirbt sich die Kandidatin bei einem IT-Unternehmen. Wirklich bedauerlich ist aber das Fehlen einer Berufsangabe.

Die **Betreffzeile** ist aussagekräftig.

Die namentliche **Anrede** ist in Ordnung.

Der **Inhalt** wirkt bei genauer Betrachtung schon weniger überzeugend. Der Leser weiß nichts über den beruflichen Ausbildungshintergrund und der Einleitungssatz (viel zu lang) ist so wohl stilistisch als auch inhaltlich sehr unschön, wenig beeindruckend. Hier gibt es Handlungsbedarf. Hinzu kommt: Die Bewerberin macht viele Worte, bringt aber keine echten Verkaufsargumente. Der Hinweis auf die Anlagen ist zwar nicht verkehrt, aber ein bisschen Appetit, eine Kurzzusammenfassung an dieser Stelle wäre wünschenswert. Der Wunsch, nach Hamburg umzuziehen, ist einerseits positiv, verliert aber durch die Wiederholung.

Der **Abschluss** ist durchaus sympathisch, wenn man zuvor von der Kandidatin etwas besser bedient worden wäre. Denn leider umgeht oder vergisst sie, zu den gewünschten Informationen (Gehalt, Start) Stellung zu beziehen.

Die **Unterschrift** ist nicht in Ordnung (zu exaltiert, viel zu groß). Die Hinweise auf die Anlagen fehlen nicht.

Das Fazit: Viele Chancen sind nicht wahrgenommen worden, das Ganze wirkt etwas zu sehr nach heißer Luft. Auch wurde nicht vorab telefoniert. Also besser machen, überarbeiten.

Das Anschreiben: 2., verbesserte Version

Das **Formale** ist ordentlich, der Brief wirkt gut gegliedert und optisch angenehm. Jetzt wissen wir auch sofort, mit wem wir es beruflich zu tun haben.

Der **Absender** ist jetzt durch die Berufsangabe und die E-Mail-Adresse komplettiert.

Der **Inhalt** wirkt deutlich aufgeräumt und verbessert. Hier wurde telefoniert und die Bewerberin bringt Verkaufsargumente. Der Hinweis auf die Ortsunabhängigkeit bei gleichzeitiger Sympathieerklärung für Hamburg ist so besser gelöst.

Der **Abschluss** wirkt sympathisch und eine Stellungnahme zu den gewünschten Informationen (Gehalt – klug, eine Spanne zu benennen, möglicher Starttermin) fehlt auch nicht.

Das Fazit: Deutliche Verbesserungen und damit mehr Chancen.

Die Kurzbewerbung

Bevor wir zu weiteren Beispielen von gelungenen schriftlichen Bewerbungsunterlagen kommen und dabei auch einige Kurzformen kennenlernen, hier noch Infos zur sogenannten Kurzbewerbung. Sie geistert in den Köpfen vieler Bewerber herum, und kaum einer weiß oder fühlt sich sicher, wie diese nun eigentlich zu konzipieren ist.

Entscheidendes Merkmal ist hierbei – wie es der Begriff schon sagt – die Kürze, Schnelligkeit, mit der der Schreiber informiert. Ob es dabei nur um eine oder bis zu drei Seiten geht, ist allein Ihre Entscheidung. Bei einer Seite wird man wohl am häufigsten eine Art Kombination von Anschreiben und wichtigsten Lebenslaufdaten präsentieren. Häufiger werden zwei Seiten verwendet: eine, die das (knappe) Anschreiben transportiert, eine zweite, die die berufliche Entwicklung, den Lebenslauf darstellt. Sehr selten werden dieser Kurzform weitere Anlagen beigelegt (Ausnahmen bestätigen die Regel, so z. B. bei Azubi-Bewerbern als dritte Seite die Kopie des letzten Schulzeugnisses).

Besondere Vorteile einer Kurzbewerbung sind die preisgünstige Herstellung und der Versand. Hier braucht es keine aufwendige Bindung, und die Verpackung ist mit einem üblichen C6-Umschlag portogünstig durchzuführen. Auch auf den Rückversand durch den Empfänger bei Nichtgefallen o. Ä. kann in der Regel verzichtet werden.

Trotzdem sollten Sie in jedem Fall auch diesen wenigen Seiten ein Foto von sich beilegen. Ob es ein Originalfoto ist oder »nur« fotokopiert bzw. eingescannt wurde, spielt dabei kaum eine Rolle. Hauptsache, es bringt Sie »gut rüber«.

Unsere Beispiele zeigen Ihnen auch außergewöhnliche Formatwahlen (zum Stichwort »Flyer« siehe Seite 110 ff.). Wichtig bleibt jedenfalls, wie bei all Ihren Bemühungen, Ihre konzeptionell gut durchdachte Vorbereitung. Und dass dieses Verfahren völlig o.k. ist für Azubis, junge Hochschulabsolventen und Kandidaten, die weniger als 50.000 EUR im Jahr verdienen, dagegen aber für alle anderen nur sehr schlecht, eigentlich überhaupt nicht geht, dürfte jetzt hiermit auch klar sein.

Vorsicht! 1., schlechte Version

Lena Lüdecke
Föhrenweg 38
68305 Mannheim
Tel: 0621 2579514
E-Mail: lena.luedecke@gmx.de
http://www.luedecke.de

Herrn
Dr. Wolfgang Tiedig
Rohloff Marketing GmbH
Cäsariusstr. 89
53173 Bonn

Mannheim, 25. Juli 2010

Kurzbewerbung

Sehr geehrter Herr Dr. Tiedig,

wie am Telefon mit Herrn Kupfer besprochen, übersende ich Ihnen hiermit meine Kurzbewerbung.

Ich zeichne mich durch beträchtliche EDV-Kenntnisse aus und habe von 1982 bis 2003 folgende Aus- und Weiterbildungen absolviert: Ausbildung zur technischen Zeichnerin, Abschluss als Industriekauffrau, berufsbegleitende Weiterbildung „EDV-Anwendung in der kaufmännischen Sachbearbeitung" und die Fortbildung „Kaufmännische Fachkraft".

Mit diesem Hintergrund möchte ich gern in Ihrem Unternehmen tätig werden und Sie gewinnbringend unterstützen.

Es wäre schön, wenn Sie mich näher kennenlernen wollen. Ich schicke Ihnen gern die vollständigen Unterlagen zu meiner Person zu.

Mit herzlichen Grüßen

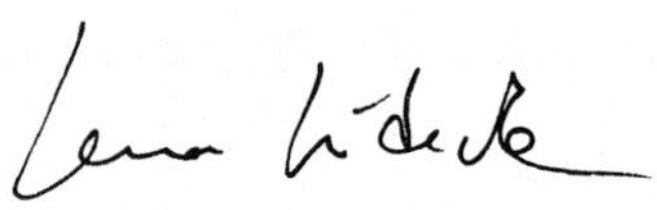

Kurzlebenslauf

Lena Lüdecke / Kurzbewerbung / Anschreiben / 1., schlechte Version (Kommentar auf Seite 108)

Kurzlebenslauf

Lena Lüdecke

geboren am 04. August 1966 in Zürich
schweizerische Staatsangehörigkeit
seit 2003 in Mannheim
verheiratet

Meine Schul-, Aus- und Weiterbildung

1972–1982	Grund- und Hauptschule
1982–1985	Ausbildung zur technischen Zeichnerin
1985–1988	*Technische Fachhochschule Zürich* Zugangsprüfung zur technischen Fachhochschule Abschluss (Abitur) als Industriekauffrau
1998–2000	*Freie Universität Berlin* Berufsbegleitende Weiterbildung „EDV-Anwendung in der kaufmännischen Sachbearbeitung" mit IHK-Abschluss
2002–2003	*Deutsche Kaufmännische Akademie Berlin* Fortbildung „Kaufmännische Fachkraft"

berufliche Tätigkeiten

1989–1993	*Aral-Raststätte in Zürich* Sachbearbeiterin
1993–1995	zweijährige Familienpause
1996	*Verlagsdruckerei Projekt 88 in Zürich* Mitarbeit in Organisation, EDV, Grafik, Satz u. Fotografie Leiterin der Bildredaktion
1996–1999	*Sanitätshaus Schlau in Berlin* Sachbearbeiterin mit EDV-Systembetreuung Einführung und Optimierung der EDV
seit 11/03	*Telefonseelsorge Mannheim e. V.* Systemoptimierung/Aufrüstung der EDV-Anlage Schulung der Mitarbeiter Öffentlichkeitsarbeit/Spendenmarketing Organisation und Vorbereitung der Jubiläumsfeierlichkeiten

Mannheim, 25.07.2010

Lena Lüdecke / Kurzbewerbung / Lebenslauf / 1., schlechte Version (Kommentar auf Seite 108)

Lena Lüdecke – Föhrenweg 38 – 68305 Mannheim – Tel: 0621 2579514 – E-Mail: lena.luedecke@gmx.de – www.luedecke.de

Herrn
Dr. Wolfgang Tiedig
Rohloff Marketing GmbH
Cäsariusstr. 89
53173 Bonn

Mannheim, 25. Juli 2010

Kurzbewerbung

Sehr geehrter Herr Dr. Tiedig,

auf Empfehlung von Herrn Oppermann und nach einem freundlichen Telefonat mit Ihrem Assistenten, Herrn Kupfer, überreiche ich Ihnen meine Kurzbewerbung.

Aus persönlichen Gründen strebe ich eine Tätigkeit im Raum Bonn an und könnte Ihnen als EDV-Fachkraft ab 1. September zur Verfügung stehen.

Ich biete Ihnen:

- besondere Fähigkeiten in EDV, Marketing und Organisation;
- besondere Kenntnisse in Fotografie und Computergrafik;
- gute soziale Kompetenz, besonders als EDV-Trainerin;
- ein hohes Maß an Selbstständigkeit, Disziplin und Eigenverantwortung;
- die Fähigkeit, schnell innovative Lösungen zu finden.

Meine Berufserfahrungen und fachspezifischen Kenntnisse, die ich während meiner nebenberuflichen Fortbildungen erworben habe, kann ich sicher sehr gut zur Erreichung der Unternehmensziele Ihres Hauses einbringen.

Sehr geehrter Herr Dr. Tiedig, sollte ich mit meiner Kurzbewerbung Ihr Interesse für meine Person als neue Mitarbeiterin geweckt haben, freue ich mich, Sie in einem persönlichen Gespräch von mir zu überzeugen. Meine ausführlichen Bewerbungsunterlagen stelle ich Ihnen gern jederzeit zur Verfügung.

Ich freue mich, von Ihnen zu hören, und verbleibe

mit freundlichen Grüßen aus Mannheim

Lena Lüdecke

Lena Lüdecke / Kurzbewerbung / Anschreiben / 2., verbesserte Version (Kommentar auf Seite 108)

Kurzbewerbung
für den EDV-Bereich von

Lena Lüdecke, Föhrenweg 38, 68305 Mannheim
☎ 0621 2579514
🖳 lena.luedecke@gmx.de, www.luedecke.de

geboren am 04. August 1966 in Zürich
schweizerische Staatsangehörigkeit
seit 2003 in Mannheim, verheiratet

EDV-Fachfrau

Mein beruflicher Hintergrund

seit 11/03	**Telefonseelsorge Mannheim e.V.** Systemoptimierung/Aufrüstung der EDV-Anlage Schulung der Mitarbeiter Öffentlichkeitsarbeit/Spendenmarketing Organisation und Vorbereitung der Jubiläumsfeierlichkeiten
1996–2000	**Sanitätshaus Schlau in Berlin** Sachbearbeiterin mit EDV-Systembetreuung Einführung und Optimierung der EDV
1996	**Verlagsdruckerei Projekt 88 in Zürich** Mitarbeit in Organisation, EDV, Grafik, Satz u. Fotografie Leiterin der Bildredaktion
1993–1995	zweijährige Familienpause
1989–1993	**Aral-Raststätte in Zürich** Sachbearbeiterin

Meine Aus- und Weiterbildung

2002–2003	**Deutsche Kaufmännische Akademie Berlin** Fortbildung „Kaufmännische Fachkraft"
1998–2000	**Freie Universität Berlin** Berufsbegleitende Weiterbildung „EDV-Anwendung in der kaufmännischen Sachbearbeitung" mit IHK-Abschluss
1985 – 1987	**Technische Fachhochschule Zürich** Abschluss als Industriekauffrau
1982 – 1985	Ausbildung zur technischen Zeichnerin

Meine besonderen Kenntnisse

Englisch, Italienisch und Spanisch, Windows 98/XP, Netzwerk, MS-DOS, Word, Excel, Access, Corel Draw, Photoshop, QuakXPress, Internetrecherche u. a.

Lena Lüdecke / Kurzbewerbung / Lebenslauf / 2., verbesserte Version (Kommentar auf Seite 108)

ZUR KURZBEWERBUNG VON LENA LÜDECKE

Bitte vergleichen Sie die Kurzversion mit den ausführlichen Bewerbungsunterlagen auf Seite 70 ff.

1. Version

Das relativ knappe **Anschreiben** mit sehr schlichtem Layout enthält alle wichtigen Absender-Adressenmerkmale (E-Mail und Homepage). Auf den ersten Blick fällt auf: Die Betreffzeile ist doch ein wenig zu knapp, das Datum korrekt, die persönliche (!) Anrede scheint in Ordnung – bis auf den Hinweis auf den Kurzlebenslauf (schlechte Wortwahl). Auch die Formulierung »übersende ich Ihnen hiermit« ist nicht das Schlimmste an Einleitung. Selbst der zweite Absatz plus Nachsatz erscheint noch passabel. Schrecklich aber der vorletzte Abschlusssatz. Ein Ausrutscher.

Der einseitige **Lebenslauf** wirkt auf den ersten Blick gar nicht so schlecht. Etwas einfach in der Präsentationsform, aber das wäre noch o.k. Trotzdem fehlt etwas, und die Variante löst keine große Lust aus, die Kandidatin kennenzulernen. Vergleichen wir diesen Versuch mit der überarbeiteten Version.

2. Version

Ein etwas modifiziertes, ausführlicheres **Anschreiben** und der auf einer Seite als Anlage zusammengefasste **Werdegang** (durchaus mit der entsprechenden Überschrift »Kurzbewerbung«) stehen hier als Beispiel, wie das Ganze auch in einer extrem kurzen Version sehr positiv wirken kann. Die hübsche Präsentation der persönlichen Daten wird noch übertroffen durch die Dreiteilung: »Mein beruflicher Hintergrund« – »Meine Aus- und Weiterbildung« – »Meine besonderen Kenntnisse«. Abfolge und Einteilung sprechen für sich. Ein deutlich interessanteres Angebot (bereits als Unterzeile der Überschrift) in dieser Überarbeitung. Datum und Unterschrift sind nicht unbedingt nötig. Dagegen sollten Sie nie auf ein sympathisches Foto verzichten. In dieser Kurzform ist der Versand in einem normalen DIN-A6-Umschlag (Vorteil: einfaches Briefporto) völlig problemlos.

ZUR KURZBEWERBUNG VON ALEXANDER ARNDT

Bei diesem Beispiel handelt es sich um eine Bewerbung in ihrer minimalsten Form, da sie wirklich nur eine Seite umfasst. Jedoch sind auch hier die wichtigsten Daten des Kandidaten enthalten und geschickt präsentiert.

Als Erstes fällt der interessant »komponierte« Briefkopf auf. Die grafische Gestaltung mit dem grauen Kasten findet ihre Wiederholung im quadratischen Foto und ergänzt sich gut. Dies ist wirklich eine schöne Idee.

Der Kandidat muss über die Firma Erkundigungen eingeholt haben, denn er kann den verantwortlichen Ansprechpartner in Anschrift und Anrede benennen. Dann folgen ein sehr selbstbewusster Einleitungssatz und das Foto. Der Hauptteil des Schreibens ist durch drei selbstgestellte, kurze und klare Fragen gegliedert, die auf der rechten Seite in prägnanter Form beantwortet werden.

Der Bewerber versteht es, für sich in dieser sehr komprimierten Form zu werben. Der Leser wird neugierig und möchte sicherlich mehr erfahren. Die Kurzbewerbung endet auch mit dem Hinweis, dass der Kandidat gern weitere Unterlagen zusendet. Diese Anmerkung ist bei solch einer Bewerbung unabdingbar.

Einziger Kritikpunkt bei diesem Schreiben: Vielleicht kommt es noch nicht deutlich genug heraus, warum sich der Kandidat gerade in diesem Unternehmen bewerben will. Der Hinweis, dass er die Firma als Kunde kennen und schätzen gelernt hat, ist möglicherweise ein zu schwaches Argument.

Wenn auch nur ein kleines Fotoformat, so ist es doch ansprechend und interessant. Die Bewerbung wäre bestimmt erfolgreicher, wenn der Kandidat nicht lächeln würde wie Mona Lisa.

Einschätzung: Eine insgesamt gute und einfallsreiche Kurzbewerbung.

ALEXANDER ARNDT
Quentinufer 67
32052 Herford
Tel. 05221 3456529

Autohaus C. Bremer
Herrn Volker Friedrichsen
Im Schiernholz 8
32049 Herford

Herford, 28. Mai 2010

Sehr geehrter Herr Friedrichsen,

ich möchte Sie gern auf jemanden aufmerksam machen: auf mich.

Wer ich bin?	Alexander Arndt, 50 Jahre alt und ein engagierter und erfahrener KFZ-Schlosser.
Was ich will?	Einen Arbeitsplatz in Ihrem Unternehmen, das ich bereits als Kunde kennen- und sehr schätzen gelernt habe. Gern würde ich hier meine Stärken wie Präzision, Geschicklichkeit und Selbstständigkeit einsetzen.
Was ich kann?	Ich biete Ihnen langjährige Erfahrung mit den verschiedensten Fahrzeugtypen: VW/Audi, Ford, Volvo und Mercedes. Die Reparatur und Wartung von LKWs gehört auch zu meinem Repertoire, ebenso wie der Führerschein Klasse II. Außerdem bringe ich gute Kenntnisse der hydraulischen, pneumatischen und elektronischen Systeme und Anlagen mit. Eine permanente Fortbildung ist mir sehr wichtig. Daher habe ich verschiedene Schweißerlehrgänge besucht und erfolgreich abgeschlossen. Ich arbeite gern im Team, bin aber dank meines Organisationstalentes und großer Flexibilität auch in der Lage, eigenverantwortlich zu agieren.

Gern sende ich Ihnen weitere Unterlagen zu. Selbstverständlich stehe ich jederzeit zu einem persönlichen Gespräch zur Verfügung.

Mit freundlichen Grüßen

Alexander Arndt

Alexander Arndt / Kurzbewerbung (Kommentar auf Seite 108)

Zwei Flyer als Kurzbewerbung

Nun stellen wir Ihnen zwei Kurzbewerbungen vor, die als sogenannte Flyer daherkommen und hier in etwas verkleinerter Form wiedergegeben werden. Im Original füllen diese Flyer ein komplettes DIN-A4-Blatt, vorder- und rückseitig bedruckt. Aber was das Format anbetrifft, ist man in der Gestaltung sowieso relativ frei, wenn man über ein gutes Schneidegerät verfügt. Mit Ihrem PC und einem modernen Textverarbeitungsprogramm lässt sich so ein Flyer oder Folder problemlos herstellen. Klicken Sie z. B. bei »Word« in der Menüleiste auf *Datei*, dann auf *Seite einrichten*, *Papierformat* und zuletzt auf *Querformat*. Richten Sie sich drei Spalten ein oder legen Sie sich eine dreispaltige Tabelle als Grundlage an, und schon kann's losgehen.

Um den Flyer auch aufklappen zu können, wird er von beiden Seiten bedruckt, indem Sie z. B. erst den Innenteil ausdrucken, das Papier umdrehen und dann die beiden äußeren Textabschnitte drucken lassen. Bei unseren Beispielen bleibt die Seite frei, die im zusammengeklappten Zustand den »Rücken« bildet, was aber nicht unbedingt so sein muss und Ihrer Gestaltung überlassen bleibt.

Überhaupt: Die grafischen Darstellungsmöglichkeiten sind vielfältig. Größtes Problem bei dieser Art von Mini-Faltprospekt in eigener Sache ist die Notwendigkeit, mit wenig Text auszukommen. Wer sich dieser Herausforderung stellt und das Problem gut löst, hat wirklich die Essentials seines Angebots herausgearbeitet (hoffentlich!).

Mit einem kurzen Begleitschreiben in Richtung »Sie halten jetzt wahrscheinlich die leichteste Bewerbungsmappe der Welt in der Hand ...« kann man sogar hartgesottene Personalchefs immer noch überraschen. Trotzdem sollte diese im Posttarif äußerst günstige Variante nicht dazu verleiten, kopflos Hunderte von Flyern zu verschicken. Nicht die Quantität zählt schließlich, sondern die Qualität.

Diese Form der schriftlichen Kontaktaufnahme stellt eine Alternative dar, die in der Lage ist, Aufmerksamkeit, Interesse und Neugier an Ihrer Person zu wecken. PC-Spezialisten sind in der Lage, sogar ihr Foto einzuscannen, andere arbeiten mit einem Laserkopierer, um das Foto an der richtigen Stelle zu platzieren. Es geht natürlich auch mit einem Originalfoto, das aufgeklebt wird.

Ein Flyer ist auch immer eine besondere Art der Visitenkarte, wenn es z. B. um Erstkontakte auf Messen oder bei sonstigen Zusammenkünften mit potenziellen Arbeitgebern geht. Schnell bei der Hand und bequem verfügbar, ermöglicht Ihnen der Flyer, Ihre Werbebotschaft auf ansprechende Weise zu überreichen.

Sehr geehrter Herr Finger,

Ich

stelle mich ...

... Ihnen heute vor.

Vielleicht werde ich ja
Ihr neuer Auszubildender zum
Reiseverkehrskaufmann?

Köln, 5. April 2011

Meine wichtigsten Daten?
Interessen?
Stärken?

Blättern Sie um!

1. Ansicht

2. Ansicht

... Ihnen heute vor.

Vielleicht werde ich ja
Ihr neuer Auszubildender zum
Reiseverkehrskaufmann?

Köln, 5. April 2011

Holger Heinrich	Linzer Str. 35 50939 Köln ☎ 0221 2344532
Persönliche Daten	
Geboren:	am 3. August 1995 in Köln
Eltern:	Ernst Heinrich, Friseur Petra Heinrich, geb. Potz, Buchhändlerin
Schulbildung	
Grundschule:	2001–2007
Realschule: Abschluss:	seit 2007 Sommer 2011
Sprachen:	Englisch, Spanisch Französisch
Außerschulische Interessen	
Kenntnisse:	PC, Internet, Mineralogie
Hobbys:	Verreisen, Fußball

Lange habe ich darüber nachgedacht, welcher Beruf wohl zu mir passt. Seit einem Praktikum vor einem Jahr bin ich mir ganz sicher: Reiseverkehrskaufmann – das wär's.

Mit meinen Eltern bin ich viel verreist, habe also schon ein bisschen was „von der Welt" gesehen. Außerdem bin ich sehr neugierig auf fremde Länder und Kulturen. Mir macht es Spaß, für die Kunden ein passendes Reiseziel zu finden. Ich spreche sehr gut Englisch und auch Französisch. Spanisch lerne ich an der Volkshochschule (4. Kurs).

Das sind doch sehr gute Voraussetzungen für einen angehenden Reiseverkehrskaufmann, oder finden Sie nicht?

Rufen Sie mich an. Ich sende Ihnen auch gern weitere Unterlagen zu.

Mit freundlichen Grüßen

Holger Heinrich

3. Ansicht

ZUM FLYER VON HOLGER HEINRICH

Das erste Beispiel beginnt mit einer sehr schlichten Titelseite (s. 1. Ansicht). Der Kandidat hat vorn gleich sein Foto positioniert, was – wenn das Bild sympathisch wirkt – wahrscheinlich noch eine größere Zugkraft hat als einleitende Worte. Sie wissen ja: Bild schlägt Text. Originell auch die Formulierung »Ich stelle mich …«, die der Bewerber dann auf der nächsten Seite aufklärt mit »… Ihnen heute vor«. Sehr selbstbewusst folgt dann die Frage: »Vielleicht werde ich ja Ihr neuer Auszubildender zum Reiseverkehrskaufmann?«

Die nächste Seite (s. 2. Ansicht), zwar schlicht und dennoch grafisch sehr ansprechend gestaltet, leitet über zum Lebenslauf. Hier erfährt der Leser neben Adresse und persönlichen Daten in sehr komprimierter Form das Wichtigste über die Schulbildung und außerschulische Interessen (s. 3. Ansicht).

Recht selbstbewusst und passend zu der aus dem Rahmen fallenden Form dieser Bewerbung ist auch der Text über die Motivation, weshalb der Kandidat Reiseverkehrskaufmann werden möchte. Und selbst im letzten Satz bleibt er sich treu: Statt des üblichen »… ich freue mich, wenn ich …«, um auf die Gesprächseinladung hinzuweisen, schlägt er kurz und knapp vor: »Rufen Sie mich an.« Wichtig: der Hinweis, dass weitere Unterlagen folgen können. Vielleicht ist der Adressat neugierig geworden, möchte aber noch mehr wissen, bevor er den Bewerber persönlich einlädt.

Einschätzung: Eine gelungene, schlichte und selbstbewusste Form der eigenen Darstellung, der wir die Note »gut« geben.

ZUM FLYER VON JENNY JÜRGENS

Das zweite Beispiel fängt auch mit einer sehr einfachen ersten Seite an, auf der die Kandidatin die Adressatin namentlich benennt, ihr direkt eine Frage stellt und den Wunsch äußert, sich vorzustellen (s. 1. Ansicht).

Auf der nächsten Seite (s. 2. Ansicht) geht die Bewerberin auf ihr Ziel ein, das sie in einem Satz kurz ausdrückt. Die Worte »Mein Ziel …« werden durch eine schattierte Überschriftenleiste betont. Eine schöne Idee!

Nach der Nennung des Ziels wird am Anfang der dritten Seite noch einmal der Bewerbungsgrund genannt. Es folgen Foto sowie Name und Anschrift. Am Schluss gelingt mit der direkten Frage »Möchten Sie mehr über mich wissen?« und den Worten »Dann blättern Sie doch einfach um …« ein guter Übergang zur nächsten Seite (s. 3. Ansicht).

Unter der wiederum schattierten Überschrift »Meine wichtigsten Daten …« sind die persönlichen Daten und ein prägnant verfasster Lebenslauf mit Themenblöcken aufgelistet. Diese sind durch Fett- und Kursivdruck betont. Der Leser bekommt so einen guten Überblick und wird hoffentlich neugierig, mehr über die Kandidatin zu erfahren.

Die letzte Seite führt unter einer gleich akzentuierten Überschrift »Meine Pluspunkte …« die wichtigsten Stärken der Bewerberin auf, die durch Aufzählungszeichen betont werden. Am Schluss wird als letzter Aspekt »der Spaß an der Arbeit« besonders hervorgehoben. Bravo, ein gelungenes Ende!

Bei diesem Flyer sehen Sie, wie man durch eine dezente Schattierung und andere Formatierungen gewisse Punkte noch unterstreichen kann. Dadurch hebt man sich bestimmt von der breiten Masse ab. Aber seien Sie vorsichtig und gestalten Sie Ihren Werbeprospekt nicht mit zu vielen verschiedenen grafischen Mitteln: Weniger ist oft besser als mehr.

Einschätzung: Eine einfallsreiche und ins Auge fallende Gestaltung, die durch eine farbliche Akzentuierung erzielt wird. Note: »gut«.

Zum Foto: Auch hier sind das Querformat und die interessante Kopfhaltung Grund für das Betrachterinteresse und die etwas längere Verweildauer. Das schafft zusammen mit der außergewöhnlichen Bewerbungsform Pluspunkte und führt zur gewünschten Einladung.

Mein Ziel ...

Sehr geehrte Frau Kölling-Jung,

hätten Sie ein paar Minuten Zeit für mich? Ich möchte mich Ihnen gern vorstellen.

... ist es, bei Ihnen als Marketingreferentin zu arbeiten. Mein Wissen, Engagement und meine Erfahrungen möchte ich sehr gern in den Dienst der Deutschen Bahn AG stellen ...

Hamburg, 15. März 2010

... und deshalb bewerbe ich mich heute bei Ihnen.

Jenny Jürgens
Wirtschafts- und Politikwissenschaftlerin
Sandhafer 4
21149 Hamburg
Tel. 040 8564538
E-Mail: j.juergens@addcom.de

Möchten Sie mehr über mich wissen? Dann blättern Sie doch einfach um ...

1. Ansicht

2. Ansicht

Mein Ziel ...

... ist es, bei Ihnen als Marketingreferentin zu arbeiten. Mein Wissen, Engagement und meine Erfahrungen möchte ich sehr gern in den Dienst der Deutschen Bahn AG stellen ...

Hamburg, 15. März 2010

Meine wichtigsten Daten ...

geboren am 18.10.1977 in Schleswig
ledig, ortsungebunden
Diplom in BWL und Politologie

Honorartätigkeit:
Werbeagentur Strieder, Hamburg, seit 4/06

Praktika:
u.a. in den Bereichen Marketing, Incentives, Betriebsorganisation, Marktanalysen (Bayer, Aventis, Reemtsma)

Studienschwerpunkte:
Wirtschaftswissenschaften: Marktforschung, Marketingmanagement u. -instrumente; Politologie: u.a. Organisationssoziologie, neue Managementkonzepte, Meinungsmanagement

Weiterbildung:
Teilnahme an diversen Fachveranstaltungen

Sprachkenntnisse:
Englisch, Französich, Italienisch, Polnisch

Meine Pluspunkte ...

* entscheidungsstark

* selbstkritisch

* unternehmerisches Denken

* kundenorientiertes Handeln

* zukunftsorientiert mit Augenmaß für das Machbare

* überzeugende fachliche Voraussetzungen

* starke Lernbereitschaft

und nicht zu vergessen:

* großer Spaß an der Arbeit!

3. Ansicht

Die Präsentation

Formvollendet bis zum Schluss

Die gewissenhafte Vorbereitung hat zu gelungenen schriftlichen Bewerbungsunterlagen geführt. »Jetzt bloß schnell weg mit dem Zeug«, denkt sich der strapazierte Arbeitsplatzsucher. Alles in die Tüte und ab geht die Post. Weit gefehlt. Nach einer sorgfältigen Durchsicht, ob auch alles beieinander, in der richtigen Reihenfolge und unterschrieben ist, müssen mit der gleichen Sorgfalt auch Verpackung und Versand organisiert werden.

Verpackung

Sie haben jetzt alle Unterlagen für Ihre Bewerbung zusammengetragen. Der Stapel liegt vor Ihnen: hoffentlich blütenweiß (oder in dezentem Farbton) ohne Eselsohren und Flecken.

Es geht nun darum, den kostbaren Stapel möglichst ästhetisch zu verpacken und damit auf den Inhalt neugierig zu machen. Vielleicht wählen Sie eine etwas anspruchsvollere Präsentation. Sehen Sie sich mal in Ihrem Schreibwarengeschäft bzw. Kopierladen um, was dort alles zur Auswahl steht: Edle Mappen, Klemmmappen und Einlegesysteme (z. B. Thermobindesysteme, Vollmappen, Spiralbindesysteme usw.) bieten sich je nach Bewerbungsvorhaben an.

Wir möchten Sie aber auch vor zu viel Perfektionismus warnen: Eine Einlegemappe, in der jedes Dokument einzeln in Klarsichthüllen präsentiert wird, könnte Ihnen leicht als Zwanghaftigkeit ausgelegt werden. Verzichten Sie auf Muster und alle Arten von Gags.

Profis bzw. Bewerber für hoch angesiedelte Posten achten sogar auf das Material ihrer Präsentationsmappen. Glattes Plastik ist verpönt, natürliche Materialien dagegen sind in. Zum Beispiel gibt es inzwischen dank des Ökotrends eine große Auswahl an farbigen und stabilen Pappen.

Versand

Überprüfen Sie nochmals, ob Ihre Unterlagen auch vollständig sind. Dann stecken Sie alles in einen ausreichend großen Umschlag mit verstärktem Papprücken. Eventuell können Sie auch einen wattierten Umschlag wählen; er sollte aber nicht zu groß sein, das wirkt wichtigtuerisch.

Das Anschriftenfeld und Ihr Absender müssen mit der gleichen Sorgfalt behandelt werden wie Ihre Unterlagen. Achten Sie auf Ihre Handschrift. Einer Bewerberin, die ihre Bewerbungsunterlagen bei einer großen Firma an der Pforte abgab, sagte der Pförtner: »Die Handschrift ist schon mal gut.« Man beachte: Die Aufmerksamkeit des Unternehmens bezüglich der Form hatte sich herumgesprochen. Sogar der Pförtner wusste: Was vielversprechend aussieht, hat vermutlich auch ein vielversprechendes Innenleben.

Wer sich und seiner Handschrift einen derartigen Effekt nicht zutraut, beschriftet Etiketten (Aufkleber für Adresse und Absender) mit der Schreibmaschine bzw. dem PC-Drucker.

Auch die Briefmarken sind sorgfältig zu kleben. Überlassen Sie das besser nicht einem gestressten Schalterbeamten, der die Dinger kreuz und quer auf den Umschlag knallt. Bitten Sie wenn möglich um Sonderbriefmarken, frankieren Sie richtig! Nichts ist ärgerlicher, als wenn Ihr Adressat erst mal Porto nachzahlen muss. Das fällt dort jedem auf, da die Post Nachzahlungen mit überdimensionalen Kreidezahlen auf dem Umschlag zu markieren pflegt. Es versteht sich eigentlich von selbst: Auf den Umschlag gehören keine witzigen Bemerkungen, keine Abziehbildchen und keine Politikaufkleber.

Wählen Sie keine Post-Sonderzustellung, wie z. B. Einschreiben oder Eilzustellung. Das wirkt zwanghaft, aufdringlich und drängelnd.

Immer häufiger wird der Versand auf elektronischem Weg bevorzugt. Lesen Sie mehr dazu im Kapitel »Bewerben im Netz« ab S. 124.

Übergabe

Wenn Sie am Ort Ihrer Bewerbung bzw. in der Nähe wohnen, haben Sie eine weitere Möglichkeit, Ihre Unterlagen an den Mann oder die Frau zu bringen: Geben Sie die Bewerbungsunterlagen persönlich ab! Fragen Sie sich im Unternehmen bis zur richtigen Stelle durch. Nutzen Sie die Gelegenheit für ein Schwätzchen mit der Sekretärin. Das hinterlässt bleibenden Eindruck. Man wird Sie mit Sicherheit nicht so einfach stehen lassen, sondern ein paar freundliche Worte mit Ihnen wechseln. Wenn Sie Glück haben, macht die Sekretärin dem Chef gegenüber eine nette Bemerkung über Ihre Person.

Schriftliche Bewerbungssonderformen: Chiffreanzeige und Kurzbewerbung

Mancher Bewerber fürchtet, sich bei einer Chiffreanzeige unwissentlich bei seinem derzeitigen Arbeitgeber zu bewerben. Um dies zu verhindern, empfiehlt es sich, einen »Sperrvermerk« zu verwenden. Das bedeutet: Die Bewerbungsunterlagen für die Chiffreanzeige kommen in einen doppelten Umschlag. Der erste erhält die Chiffrenummer, den zweiten adressieren Sie zusammen mit einem Begleitschreiben an die Anzeigenabteilung der betreffenden Zeitung. Im Schreiben an die Zeitung bitten Sie darum, die Bewerbungsunterlagen in dem separaten Umschlag nur dann weiterzuleiten, wenn der Anzeigeninserent nicht die Firma XY ist. Andernfalls bitten Sie um Rücksendung mit dem Zusatz »Porto zahlt Empfänger« oder Sie fügen einen frankierten Rückumschlag bei.

Auf Chiffreanzeigen können Sie mit einer Kurzbewerbung antworten (s. S. 103 ff.). Die weiteren Unterlagen reichen Sie erst nach, wenn dies ausdrücklich gewünscht ist. Weisen Sie jedoch in Ihrem Anschreiben darauf hin, dass Sie auf Wunsch gern eine ausführliche Bewerbungsmappe einsenden.

Bei Chiffreanzeigen und bei Kurzbewerbungen ist es durchaus üblich, den derzeitigen Arbeitgeber zu umschreiben, statt den konkreten Namen zu nennen. Z. B. schreiben Sie anstelle von »Ich arbeite bei der Optikerfirma Fielmann in Berlin«: »Ich arbeite in der Filiale eines großen deutschen Optiker-Einzelhandelsunternehmens.« Die Kunst besteht bei dieser Variante darin, die derzeitige Tätigkeit möglichst genau zu beschreiben, ohne den aktuellen Arbeitgeber zu benennen.

Denn genauso, wie Unternehmer bisweilen für sich in Anspruch nehmen, zunächst inkognito zu bleiben, so können auch Sie Gleiches geltend machen. Sie sind nicht verpflichtet, sich in dieser ersten Bewerbungsphase zu »outen«.

Jeder Bewerber hat ein berechtigtes Interesse, seine Veränderungsabsichten nicht zu früh publik zu machen. Der künftige Arbeitgeber könnte ja den bisherigen Chef anrufen und ihn neugierig fragen: »Wie sind Sie denn mit XY zufrieden?« Sie hätten dann vermutlich an Ihrem Noch-Arbeitsplatz mit Nachteilen zu rechnen.

Das lässt sich auch auf andere Art und Weise verhindern. Den künftigen Chef können Sie von Nachfragen an Ihren derzeitigen Arbeitgeber zurückhalten, indem Sie in Ihrem Schreiben die deutliche Bitte formulieren, alle Angaben strikt vertraulich zu behandeln.

LERNTEST

5. Lerntest: Richtig oder falsch oder ...

Welche Aussage ist richtig, welche falsch, welche kann man so nicht ohne Weiteres stehen lassen? Bitte kreuzen Sie **R** oder **F** oder ggf. auch **?** an.

a) Durch farbiges Schreibpapier kann man sich sehr positiv in der Gestaltung der schriftlichen Bewerbungsunterlagen von anderen Kandidaten unterscheiden. **R** ☐ **F** ☐ **?** ☐

b) Durch ein zuvor geführtes Telefonat mit dem Empfänger der Bewerbungsunterlagen oder seinem Vertreter kann man seine Bewerbung noch zusätzlich positiv fördern. **R** ☐ **F** ☐ **?** ☐

c) Durch die persönliche Ab- oder Übergabe der Bewerbungsunterlagen kann man nicht viel erreichen. **R** ☐ **F** ☐ **?** ☐

Die richtige Lösung finden Sie auf Seite 116.

Lösung 4. Lerntest:

a) R, Erklärung: Ja, das könnte man so sehen!
b) R, Erklärung: Stimmt, aber es lohnt sich!
c) ?, Erklärung: Es ist zwar ein klarer Fehler, schmälert aber doch nicht wirklich die Leistungen des Bewerbers. Trotzdem: unbedingt vermeiden!

Ein erfolgreiches Beispiel

In dieser Trainingsmappe haben Sie erfolgreiche (und weniger erfolgreiche) Beispiele für Bewerbungsunterlagen gesehen, die praktisch verdeutlichen, was wir Ihnen vermittelt haben.

Der Eindruck einer Bewerbungsmappe kann auf den Buchseiten natürlich nur fragmentarisch wiedergegeben werden. Bindungssystem, Deckel, Rücken, Papiersorte und -farbe sowie die Zeugnisunterlagen fehlen. Vorder- und Rückseite sind lediglich aus Platzgründen bedruckt. In der Realität wird die Rückseite immer frei bleiben (Ausnahmen bestätigen die Regel).

Auch wenn die Beispiele in diesem Buch weitgehend für sich sprechen, haben wir jeweils einen kurzen Kommentar beigefügt, um problematische wie besonders gelungene Passagen zu würdigen.

Selbstverständlich sind die gezeigten Beispiele erfolgreich in der realen Bewerbungspraxis eingesetzt worden. Gleichwohl mussten wir Personen, Daten, Orte, Arbeitgeber, Ausbildungsgänge, Berufstätigkeiten, Zeiten etc. chiffrieren. Ähnlichkeiten mit realen Personen wären also rein zufällig. Sollten Sie detektivisch auf gewisse »Ungereimtheiten« stoßen, bitten wir um Verständnis. Diese erklären sich aus den eben genannten Gründen.

Im Wesentlichen geht es uns bei den dargestellten Beispielen darum, Ihnen zu zeigen, welche Palette an Darstellungsmöglichkeiten Sie bei der Gestaltung Ihrer Bewerbungsmappe haben.

Warnen möchten wir Sie allerdings davor, der Versuchung anheimzufallen, einfach nur die verwendeten Formulierungen abzuschreiben. Sie sollten sich in jedem Fall der sicherlich zeitaufwendigen Aufgabe stellen, eine eigene (Werbe-) Botschaft zu formulieren und dabei Ihren eigenen, ganz persönlichen Stil zu entwickeln. Die für die Ausarbeitung einer solchen Bewerbungsmappe durchschnittlich benötigte Zeit liegt bei etwa 30 bis 40 Stunden. In unserem *Büro für Berufsstrategie* haben wir die Bewerber in der Entwicklung und Realisation etwa drei bis vier Stunden beraten. Meistens waren drei größere Korrekturgänge notwendig.

Auf den folgenden Seiten sehen Sie noch einmal ein gutes, erfolgreiches Beispiel für eine Bewerbungsmappe.

LERNTEST

6. Lerntest: Ihr Wissensstand über die schriftliche Bewerbung
(Achtung! Es können auch mehrere Antworten richtig sein.)

Am Samstagvormittag klingelt Ihr Telefon und der Personalbeauftragte eines Unternehmens, bei dem Sie sich vor zwei Wochen beworben haben, ist dran und fragt, ob Sie jetzt Zeit hätten, mit ihm zu telefonieren. Worauf kommt es nun an?

a) Nerven zu behalten
b) sich die Überraschung nicht anmerken zu lassen
c) den geplanten Lebensmittel Wocheneinkauf zu verschieben
d) eine Ausrede zu erfinden, warum es jetzt gerade leider nicht gut geht
e) für Ruhe in Ihrer Umgebung zu sorgen, damit Sie ungestört telefonieren können
f) Ihre Bewerbungsunterlagen in greifbarer Nähe zu haben

Die richtige Lösung finden Sie auf Seite 124.

Lösung 5. Lerntest:

a) F, Erklärung: Nein, das war mal vor etwa zehn Jahren so, gilt aber nicht mehr heute.
b) R, Erklärung: Unbedingt! Bereiten Sie ein Telefonat jedoch gut vor!
c) F, Erklärung: Bei einer persönlichen Begegnung – sei es mit der Sekretärin oder sogar dem Chef – hinterlassen Sie einen hoffentlich guten Eindruck.

Sarah Schönebeck

Erlemannstr. 56
54294 Trier
Phone, FAX 0651 2386073
E-Mail: sarah.schoenebeck@compuserve.com

Hardenberg Consulting
Herrn Franz von Kampen
Großmannstr. 47
01187 Dresden

Trier, 01.12.2010

Ihre Anzeige in der Frankfurter Allgemeinen Zeitung vom 26.11.2010
Bewerbung Unternehmensberaterin

Sehr geehrter Herr von Kampen,

nach unserem ausführlichen und, wie ich finde, sehr angenehmen Telefonat, für das ich mich nochmals bedanken möchte, hier meine Unterlagen.

Ich bin Literaturwissenschaftlerin und Philosophin und verfüge bereits über Erfahrungen in verschiedenen Zweigen der Unternehmensberatung. Mein Motiv, mich Ihnen vorzustellen, liegt in meinem Wunsch begründet, Unternehmensprobleme zu analysieren und konkreten Lösungen zuzuführen.

Zu meinen Stärken gehören konzeptionelles Denken und eine ausgeprägte Kommunikationsfähigkeit sowie ein planerisches und zielorientiertes Vorgehen in meiner Arbeitsweise.

Wenn ich Ihr Interesse an einer Mitarbeit durch meine Bewerbungsunterlagen geweckt habe, sodass wir unser Gespräch bei einem Vorstellungstermin fortsetzen können, freue ich mich, Sie in Dresden zu besuchen.

Ich grüße Sie herzlich

Sarah Schönebeck

Anlagen

PS: Besonders gerne würde ich an unsere Erörterung zum Thema Headhunting und Ethik anknüpfen!

Sarah Schönebeck / Anschreiben (Kommentar auf Seite 123)

Sarah Schönebeck

Bewerbungsunterlagen

Sarah Schönebeck / Deckblatt (Kommentar auf Seite 123)

Wer ist ...

Sarah Schönebeck?

Warum studiert jemand Allgemeine und Vergleichende Literaturwissenschaft und Philosophie?

Bei mir war es das Interesse für die verschiedenen Arten, wie Menschen die Welt sehen, beurteilen und darstellen. Literatur und Philosophie sind die Medien, in denen verschiedene Kulturen und Lebensformen ihren stärksten Ausdruck finden. Will man sie wirklich kennenlernen, dann bleibt kein anderer Weg, als ihre Analyse zu erlernen.

Und wie entsteht dann der Wunsch, bei einer Unternehmensberatung wie Hardenberg Consulting zu arbeiten?

Mir wurde klar, dass für den wirtschaftlichen Sektor ähnliche Regeln wie für die komplexen Zusammenhänge in Kultur und Philosophie gelten. Meine Erfahrung zeigt mir, dass die wichtigste Aufgabe häufig darin besteht, die richtigen Fragen zu stellen, um Systeme in ihrer Funktionsweise analysieren und gegebenenfalls modifizieren zu können. Ähnliches gilt für Literatur und philosophische Systeme.

Natürlich gehört zu meinen Erfahrungen auch, dass für praktische Veränderungen keine theoretischen Konstruktionen, sondern gewachsene Strukturen prägend sind. Fast immer sind vor allem genaues Beobachten, Zuhören und Verständnis Voraussetzungen für die Lösung eines Problems. In solchen Fällen hilft mir immer wieder mein Interesse für fremde Denk- und Handlungsweisen. Deren genaue Analyse ist jedoch, wie in Literatur und Philosophie, nur der erste Schritt zu wirklicher Veränderung.

Sarah Schönebeck

Trier, 01.12.2010

Sarah Schönebeck / erste Seite (Kommentar auf Seite 123)

Zur Person Sarah Schönebeck

	geboren am 23.03.1983 in Idar-Oberstein ledig, ortsungebunden

Freizeitaktivitäten

	Klassische Musik (Klavier), Schach, Jogging, Basketball
1997–2001	Leitung einer Jugendgruppe (Teilnahme an einem Lehrgang für Jugendgruppenleiter)
2001–2002	Mitglied einer Schülertheatergruppe, Redaktionsmitglied einer Schülerzeitung

Tätigkeiten

Sommer 2001	Sechswöchiges Verlagspraktikum bei Reclam, Stuttgart
01.04.2007 bis 30.03.2009	Studentische Hilfskraft am Institut für Vergleichende Literaturwissenschaft der Universität Trier (Prof. Dr. Hoffmann) Die Tätigkeit umfasste u. a. die Mitarbeit an Publikationen, Vorträgen sowie die Entwicklung und Organisation unterschiedlicher Seminare
Seit 2007	Mitarbeit in einer EDV- und Organisationsberatung
Sommer 2009	Dreimonatiges Praktikum in einer Unternehmensberatung
Seit Januar 2010	Freiberufliche EDV-Beraterin

Studium

01.10.2003 bis 31.03.2010	Studium an der Universität Trier Fächer: Allgemeine und Vergleichende Literaturwissenschaft und Philosophie; außerdem Theaterwissenschaft und Spanisch Magisterarbeit über „Hermeneutische Untersuchungen am Beispiel kleiner Erzählformen des Realismus in der Europäischen Nationalliteratur"
21.01.2008	Teilnahme an der Tagung „Chaos und Fraktale" der Stiftung Carolingia in Frankfurt am Main
28.–30.08.2009	Teilnahme am Symposium „Kunst und Ästhetik in der Rezeption des modernen Dramas" der Humboldt-Universität in Berlin
Mai 2010	Studienabschluss mit Note: „Sehr gut"

Sarah Schönebeck / Lebenslauf (Kommentar auf Seite 123)

Auslandsaufenthalte

Sommer 1996	8-wöchiger Feriensprachkurs in Cambridge, England
Sommer 1998	6-wöchiger Feriensprachkurs in Nancy, Frankreich
Sommer 2000	Schüleraustausch mit einer Partnerschule in Paris

Schulbildung

1989–2002	Grundschule und Gymnasium in Idar-Oberstein Abschluss: Abitur Note: 1,3

Sprachkenntnisse

Englisch (fließend), Französisch (sehr gute Kenntnisse),
Italienisch (Grundkenntnisse)

Sonstige Kenntnisse

Umfangreiche Kenntnisse im Bereich DOS/Windows,
Apple Macintosh, Internet

Trier, 01.12.2010

Sarah Schönebeck / Lebenslauf (Kommentar auf Seite 123)

Sarah Schönebeck

Erlemannstr. 56
54294 Trier
Phone, FAX 0651 2386073
E-Mail: sarah.schoenebeck@compuserve.com

Hardenberg Consulting
Herrn Franz von Kampen
Großmannstr. 47
01187 Dresden

Trier, 21.12.2010

Vorstellungsgespräch am 19.12.2010
Meine Bewerbung als Unternehmensberaterin

Sehr geehrter Herr von Kampen,

ich möchte Ihnen und Ihren Partnern Herrn Dr. Hecht und Herrn Porz für die informative Begegnung danken. Schnell habe ich mich in Ihrer Gesprächsrunde wohl- und vertraut gefühlt, obgleich so ein Vorstellungsgespräch für mich doch keine „leichte Übung" ist.

Besonders durch die von Ihnen geschilderten unternehmerischen Aktivitäten und Ziele und durch die Erläuterungen über mein potenzielles Tätigkeitsfeld fühle ich mich erneut darin bestärkt, wie gut mein Wissen und mein Engagement zu Ihrem Unternehmen passen können.

Vielleicht ist es mir nicht ausreichend gelungen, die Eigenschaften herauszustellen, die mich speziell für die zu besetzende Position qualifizieren. Im Nachhinein möchte ich gern hinzufügen, dass

- mein Organisationstalent,
- Erfahrungen in der interdisziplinären Zusammenarbeit (Studium, Beratungshintergrund),
- Kommunikations- und Lernfähigkeit,
- meine besondere Stressresistenz sowie
- meine Eigenschaft, Ziele konsequent zu realisieren,

gute Voraussetzungen für die Unternehmensberatung darstellen.

Wenn Sie mir – wie in Aussicht gestellt – bei der Wohnungsbeschaffung behilflich sind, sehe ich einem Erfolg versprechenden Start recht bald im neuen Jahr mit Freude entgegen.

Ich freue mich darauf, von Ihnen zu hören, und verbleibe

mit herzlichen Grüßen

Sarah Schönebeck

Sarah Schönebeck / Nachfassbrief (Kommentar auf Seite 123)

ZU DEN UNTERLAGEN VON SARAH SCHÖNEBECK

Ein persönliches **Anschreiben** mit dem besonders freundlichen Dank für das Telefonat und einem ansprechenden Briefkopf (wenn auch nicht unbedingt normgerecht) vermittelt in relativer Kürze und gut lesbar alle relevanten Informationen. Außerordentlich geschickt hat die Bewerberin ein PS platziert. Sie vermittelt, dass sie bei ihrem Anruf bereits durchaus ein kompetentes Gespräch geführt hat (und erinnert damit nochmals an den schon entstandenen positiven Eindruck).

Ein außergewöhnlich selbstbewusst gestaltetes **Deckblatt.**

Überraschend: die **erste Seite**. Mit einem das Selbstbewusstsein des Deckblatts fortsetzenden Fotoformat eröffnet die Bewerberin die schriftliche Information mit der selbst gestellten Frage »Wer ist …«. Statt einer Antwort zwei weitere zentrale Fragen, bei deren Beantwortung die Bewerberin dem Leser nichts schuldig bleibt. Ein ungewöhnlicher Einstieg, der aber einschließlich der grafischen Gestaltung der Hauptüberschrift (»Wer ist …«) einen gewissen Reiz ausübt und neugierig auf die Kandidatin macht. Insgesamt: inhaltlich interessanter, gut zu lesender Text mit wirklich wichtiger Botschaft.

Der **Lebenslauf** auf den zwei folgenden Seiten ist grafisch ansprechend gestaltet. Sehr klug vermittelt er das von der ersten Seite der Unterlagen an spürbare Hauptanliegen der Bewerberin, ihre Persönlichkeit in das Zentrum der Aufmerksamkeit zu rücken. Mutig: nach den persönlichen Angaben mit Freizeitaktivitäten fortzufahren. Die Gliederung der relevanten Daten hat konservativ-klassischen Zuschnitt, deren Variationen wirken jedoch leider ein bisschen unruhig und sind nicht wirklich lesefreundlich. Die Gliederung ist leider nicht annähernd so spannend, wie es der mutige Anfang hätte vermuten lassen.

Auf die **Anlagen** und das vorgeschaltete **Anlagenverzeichnis** haben wir wieder aus Platzgründen verzichtet.

Zusätzlich ist dieser Mappe das Beispiel eines sog. **Nachfassbriefes** beigefügt. Hier bedankt sich die Kandidatin freundlich für das Vorstellungsgespräch und bringt noch einmal die für sie sprechenden Argumente geschickt rüber.

Einschätzung: Eine interessante Bewerbungsmappe mit einem überzeugenden Beispiel für einen Nachfassbrief nach einem Vorstellungsgespräch. Hier finden Sie alle guten Argumente in werbepsychologisch geschickter Formulierung.

PRAXISBEISPIEL

Schreiben, auch nachdem man vorgesprochen hat

Das Vorstellungsgespräch lief zu meiner Zufriedenheit und doch hatte ich den starken Wunsch, irgendwie noch etwas zu tun, um ganz deutlich mein starkes Interesse an dem Job zu bekunden. Da las ich von der Möglichkeit, einen Nachfassbrief nach dem Vorstellungsgespräch zu schreiben. Kein Problem, dachte ich, und setzte mich hin und schrieb. Dieses 10-Zeilen-Schreiben kostete mich etwa 8 Stunden Arbeit und ganz schön viel Schweiß. Puh, damit hatte ich nicht gerechnet, aber … in der Konsequenz erhielt ich am nächsten Tag den Anruf meines Gesprächspartners, der mir signalisierte, ich sei sein Favorit. Na, da hat sich doch das Feilen am Text gelohnt!

Bewerben im Netz

Immer mehr Unternehmen gehen heute selbstverständlich davon aus, dass Bewerber ihre Unterlagen auf elektronischem Weg schicken oder eines der anderen zahlreichen Bewerbertools im Netz nutzen – sei es das Online-Formular, die Bewerberhomepage oder die Präsentation mit PowerPoint. Wie Sie sich auf diese Art der Kommunikation mit einem potenziellen neuen Arbeitgeber einstellen und die verschiedenen Möglichkeiten für Ihren Bewerbungsprozess optimal nutzen, darum geht es jetzt.

Neben der klassischen Bewerbung in Papierform nehmen Online-Bewerbungsverfahren eine immer zentralere Rolle in heutigen Personalauswahlverfahren deutscher Unternehmen ein. Beide Bewerbungsverfahren haben diverse Vor- und Nachteile – sowohl für den Bewerber als auch für den potenziellen Arbeitgeber.

Vorteile ...

für den Personalentscheider: keine Aktenverwaltung (keine Lagerung bzw. Rücksendung), Unterlagen lassen sich schnell, einfach und parallel an mehrere Mit-Entscheider weiterleiten und standardisierte Online-Bewerbungsformulare ermöglichen eine leichtere Vergleichbarkeit einzelner Kandidaten.

Auch für den Bewerber hat dieses Vorgehen Vorteile: Anlagen werden nur einmal professionell eingescannt, statt Hunderte von Kopien zu machen, es werden keine teuren Mappen benötigt und auch das professionell gemachte Foto ist mehrfach verwendbar.

... und Nachteile

Aber Achtung: Genau die vergleichsweise kostengünstige und einfache Handhabung zieht auch jede Menge Job-Zocker an, die ihre vorgefertigten Elaborate quasi als Rund-E-Mail gleich an mehrere potenzielle Arbeitgeber verschicken. Und sie verführt zur Schludrigkeit. Die individuelle Präsentation bleibt schnell auf der Strecke, ebenso der letzte, kritisch prüfende Blick auf die digitalisierten Unterlagen. Mehr als 70 Prozent der Unternehmen müssen feststellen, dass Online-Bewerbungen im Vergleich zu herkömmlichen Mappen von schlechterer Qualität sind.

Beide Bewerbungsverfahren haben diverse Vor- und Nachteile. Die klassische Bewerbung zeigt ihre Stärken im Bereich der Individualisierung und der damit verknüpften Vermittlung eigener Persönlichkeitsmerkmale. Hier hat die Online-Bewerbung einige Nachteile: Vor allem bei formular-

LERNTEST

7. Lerntest: Bringen Sie die folgenden Antworten in die richtige Reihenfolge! Das Allerwichtigste zuerst ...

Was bevorzugen Unternehmen heutzutage, wenn es um die Bewerbungsunterlagen geht?

a) eine elektronische Bewerbung per E-Mail
b) das Ausfüllen von Online-Bewerbungsformularen
c) eine klassische schriftliche Bewerbung mit Mappe

Die richtige Lösung finden Sie auf Seite 126.

Lösung 6. Lerntest: e, f (eingeschränkt auch die Antworten a und b)

gestützten Online-Abfragen gestaltet sich die Vermittlung persönlicher Eigenschaften anhand der Bewerbungsunterlagen schwierig.

Digitale Bewerbungsunterlagen und -inhalte können aber auch als unterstützendes Hilfsmittel zur klassischen Bewerbung eingesetzt werden.

Wichtig: Bei Bewerbungen über das Internet gilt *mindestens* das gleiche Sorgfaltsprinzip wie beim klassischen Weg auf Papier. Arbeiten Sie genau, recherchieren Sie gründlich und vermeiden Sie technische Fallen. Nur so werden Sie Punkte sammeln und besser sein als viele Ihrer Konkurrenten.

Wir stellen Ihnen hier und auf der beiliegenden CD-ROM folgende Formen der E-Bewerbung näher vor:

- die E-Mail-Bewerbung
- das Bewerben mithilfe von Online-Formularen
- das Hinterlegen von Profilen auf der Firmenhomepage*
- das Absolvieren eines Online-Assessment-Centers (eAC)*
- die Bewerbung mit PowerPoint*
- die eigene Homepage*
- das Bewerben über Video, DVD & Co.*

Außerdem geht es noch um das wichtige Thema Sicherheit im Netz (Achtung Datenschutz!) und darum, wie Sie sich auch im World Wide Web Ihren exzellenten Ruf bewahren, kurz: um Ihre E-Reputation*.

* auf der CD-ROM

VERSÄUMNISSE

Die 8 folgenreichsten Versäumnisse im Zusammenhang mit Ihren schriftlichen Bewerbungsaktivitäten

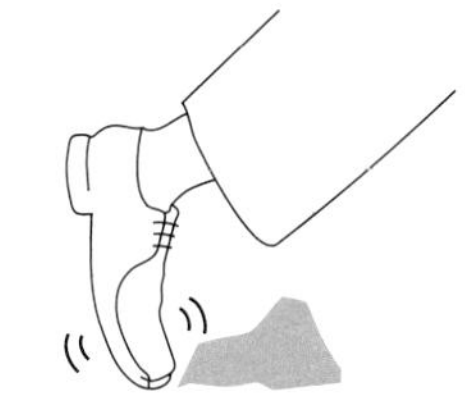

1. Sich nicht des Rates, der Unterstützung durch einen Bewerbungscoach oder sonstigen Profi in diesen Dingen zu bedienen
2. Das Internet zu ignorieren
3. Das Telefon als strategisches Instrument nicht einzusetzen
4. Verzicht auf Initiativbewerbungen
5. Kein aktives Stellengesuch zu schalten
6. Bei allen Aktivitäten nicht oder nur zögerlich auf das eigene Netzwerk zurückzugreifen
7. Aus Fehlern nicht genug zu lernen
8. Sich nicht selbstkritisch und konstruktiv mit sich selbst auseinanderzusetzen

DIE E-MAIL-BEWERBUNG

Vorüberlegungen

Inhaltlich betrachtet unterscheiden sich per Internet verschickte Unterlagen nur wenig von klassischen schriftlichen Bewerbungen. Bei beiden Varianten gelten die gleichen Erfolgskriterien bzw. wird mit der richtigen Vorbereitung die Basis für eine überzeugende Ansprache des potenziellen neuen Arbeitgebers gelegt. Fragen Sie sich zunächst:

- Welche konkreten Geschäftsfelder hat die Firma?
- In welcher Form kann ich dort meine Kompetenzen, Leistungsmotivation und Persönlichkeit bestmöglich einbringen?
- Wie kommuniziere ich mein berufliches Profil erfolgreich?

Diese Punkte gilt es generell zu klären, erst dann sollten Sie sich mit dem Verfassen und der Zusammenstellung der digitalen Unterlagen beschäftigen. Und, ganz klar: An dieser Stelle wird von Ihnen eine gewisse technische Kompetenz verlangt. Leider scheitern gerade hier jedoch viele Kandidaten. Sie sollten sich also, wenn das Internet nicht sowieso zu Ihrem beruflichen Alltag gehört, im Vorfeld unbedingt in Ruhe damit beschäftigen.

Was eine E-Mail-Bewerbung beinhalten sollte, steht nicht definitiv fest. Die Ihnen bekannten drei Elemente Anschreiben, Lebenslauf und Zeugnisse sind aber auch hier gefragt. Die meisten verstehen unter einer E-Mail-Bewerbung ein kurzes Anschreiben im Mail-Feld selbst und ein ausführlicheres im Anhang, zusammen mit Ihrem Lebenslauf. Aber es gibt auch andere Möglichkeiten (siehe Muster auf Seite 127).

In der Kürze ...
Wer sich auf elektronischem Weg um einen Job bewirbt, sollte sich kurz fassen. Niemand will beim Herunterladen lange warten, zig Dateianhänge öffnen und lesen, um letztlich zu entscheiden, ob der Kandidat infrage kommt. Die E-Mail-Bewerbung sollte daher nicht mehr als maximal

LERNTEST

8. Lerntest: Ihr Wissensstand über die schriftliche Bewerbung ...
(Achtung! Es können auch mehrere Antworten richtig sein.)

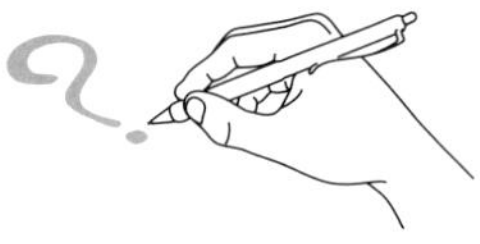

Was ist bei Bewerbungen per E-Mail insbesondere zu berücksichtigen?

a) ... dass die Hemmschwelle vieler Mitarbeiter, gerade in traditionellen Unternehmen, gegenüber dem Medium immer noch relativ hoch ist
b) ... dass Sie nicht wissen, wer sich Ihre Bewerbung anschaut
c) ... dass Personalchefs Angst vor Viren haben
d) ... dass Sie nicht zu viele und zu große Dateianhänge schicken dürfen

Die richtige Lösung finden Sie auf Seite 132.

Lösung 7. Lerntest: An erster Stelle a), ganz dicht gefolgt von b) und dann mit etwas Abstand c).

zwei bis drei Megabyte umfassen und möglichst nur Anschreiben und Lebenslauf (gerne in einer Datei, die Sie Ihrer Mail anfügen) beinhalten. Ein Unternehmen, das Interesse am Bewerber hat, fordert schnell (per Mail oder telefonisch) weitere Informationen oder Unterlagen an und registriert auch, wie viel Zeit Sie brauchen, um diesen Wunsch zu erfüllen!

Eine hervorragende Alternative zu umfangreichen Dateianhängen ist der Link auf die eigene Bewerbungs-Homepage: eine gute Möglichkeit, um einerseits über sich Auskunft zu geben und andererseits den Daten-GAU beim potenziellen Arbeitgeber zu verhindern (mehr Informationen auf der CD-ROM).

Typische Fehlerquellen

Immer wieder klagen Personalabteilungen über die Flut unzulänglicher Bewerbungen auf dem elektronischen Postweg. Es gibt viele Fehlerquellen, die Bewerber von vornherein in schlechtem Licht erscheinen lassen.

- E-Mails samt einer Reihe von diversen Anhängen, deren Inhalte nicht deutlich aus dem Namen hervorgehen, werden mitgeschickt.
- E-Mails werden nicht gezielt an ein Unternehmen, sondern an viele Adressaten versandt.
- Bewerbungen beziehen sich nicht auf spezielle Inserate oder sind als Initiativbewerbung nach dem Motto gestrickt: »Ich würde gerne bei Ihnen mitarbeiten wollen, was können Sie mir anbieten...«
- Jegliche Formalität wird außer Acht gelassen.
- Rechtschreibung und Grammatik sind nicht fehlerfrei.
- Die Dokumente enthalten Viren.
- Riesige Dateianhänge legen das komplette System lahm oder lassen sich gar nicht öffnen.

Was steckt drin?

Verlangt das Stellenangebot nicht ausdrücklich die vollständigen Unterlagen, sind E-Mail-Bewerbungen eher Kurzbewerbungen. Überhäufen Sie den Adressaten nicht mit einer unübersichtlichen Fülle von Dokumenten und Anhängen. Ein ansprechendes kurzes Anschreiben und ein klarer Lebenslauf reichen für den Erstkontakt aus.

Absender und Adressat

Verwenden Sie eine seriöse E-Mail-Adresse für Ihre Bewerbung – auf keinen Fall Mausi100@hotmail.com. Empfehlenswert sind die Kennzeichnung mit richtigem Vor- und Zunamen und der Versand von einem neutralen Account aus, wie zum Beispiel web.de, gmx.de oder googlemail.com. Beispiel: elisabeth.brinckmann@web.de.

Schicken Sie Ihre E-Mail-Bewerbung möglichst nicht an eine anonyme Pooladresse wie beispielsweise info@Firma.de oder kontakt@unternehmen.com. Hier besteht die Gefahr, dass Ihre Unterlagen gar nicht oder erst verspätet in die Hände des zuständigen Entscheiders gelangen. Finden Sie vorab heraus, wer Ihr Ansprechpartner und Empfänger ist und wie seine E-Mail-Adresse lautet. Dann können Sie auch klären, ob eine E-Bewerbungsform die bevorzugte Variante ist und ob weitere Wünsche vorhanden sind (ohne, mit allen Anlagen oder nur die letzten Zeugnisse etc.).

Um was geht es?

Die Betreffzeile im Mailkopf soll für Sie und Ihr Anliegen werben. Sie ist das Erste, was der Empfänger von Ihnen liest. Geben Sie sich daher Mühe mit der Formulierung und machen Sie den Leser neugierig. Statt »Bewerbung« oder »Michaela Müller Bewerbungsunterlagen« weckt eine Betreff-Formulierung wie beispielsweise »Ihre neue Büromanagerin« mehr Interesse.

Variationsmöglichkeiten

Das (erste) Anschreiben wird in der E-Mail selbst formuliert, nicht im Dateianhang. Der Anhang enthält Ihren beruflichen Werdegang, evtl. auch eine Überblicksliste mit Arbeits-, Weiterbildungs- und Ausbildungszeugnissen, die Sie auf Wunsch nachreichen. Es gibt auch Firmen, die sich auf telefonische Nachfrage Ihr Anschreiben gesondert im Datenanhang wünschen. In diesem Fall reichen einige freundliche Zeilen, die sich auf die Bewerbung und das vorherige Telefonat beziehen, in der E-Mail selbst. Zusätzlich empfehlen wir, die persönlichen Daten wie Anschrift, Kontaktdaten, eventuell Adresse der eigenen Bewerbungshomepage und drei Kernkompetenzen zum Stellenprofil mit aufzulisten.

Serienmails sind als Bewerbung ungeeignet. Formulieren Sie individuell für ein bestimmtes Unternehmen. Beziehen Sie sich dabei auf das entsprechende Stellenangebot oder bei einer Initiativbewerbung auf den Anlass und Ihr besonderes Mitarbeitsangebot.

Konzentrieren Sie sich auf das Wesentliche und bieten Sie an, die entsprechenden Unterlagen in Form einer schriftlichen Bewerbung oder bei einer persönlichen Begegnung gern nachzureichen. Signalisieren Sie auch Ihre Bereitschaft, telefonisch für weitere Auskünfte zur Verfügung zu stehen. Nennen Sie Ihre Handynummer oder Ihren Festnetzanschluss mit Anrufbeantworter.

Auch bei der E-Bewerbung gibt es, je nach Bewerberprofil, unterschiedliche Gestaltungsmöglichkeiten. Sie finden anschließend einige Vorschläge. Für alle Varianten gilt:

- Die Schriftgröße sollte nicht kleiner sein als 10 Punkt.
- Die Unterschrift am Ende der Mail können Sie maschinenschriftlich vornehmen oder (nicht unbedingt nötig!) Ihre Originalunterschrift in Blau scannen und einfügen.
- Reihenfolge des Mailtextes: (persönliche) Anrede, Text, Grußformel, Unterschrift, Absenderblock (mit Ihren Kontaktdaten), Hinweis auf beigefügte Anlagen (falls welche mitgeschickt werden).
- Immer daran denken: auf das Wesentliche reduzieren, keine langen Texte!

1. Variante – empfohlen für die erste Kontaktaufnahme
Mailtext inklusive Labenslaufdaten ohne Dateianhang (maximal sechs Absätze, insgesamt weniger als 20 Textzeilen): formuliert wie ein »klassisches« Anschreiben; wegen der minimalistischen Form sehr beliebt bei Personalern.

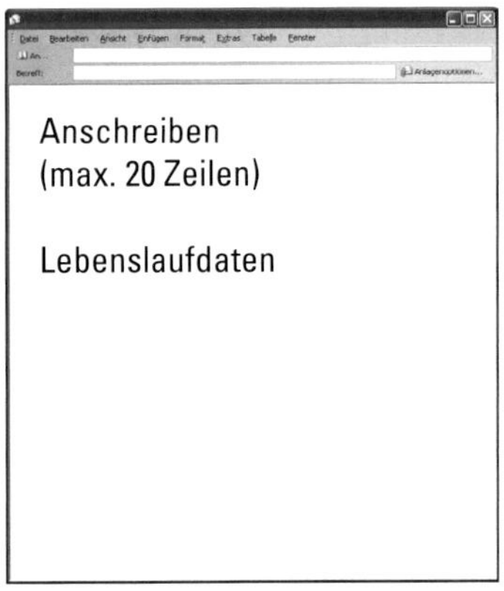

1. Variante

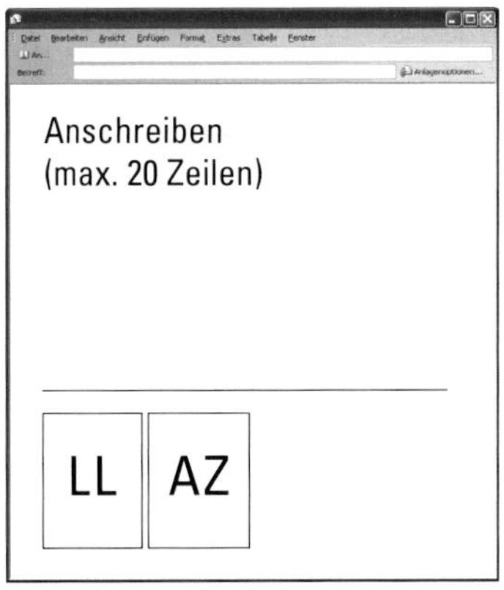

2. Variante

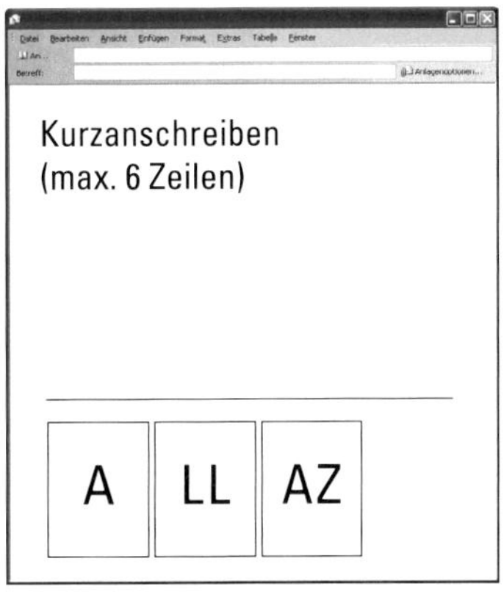

3. Variante

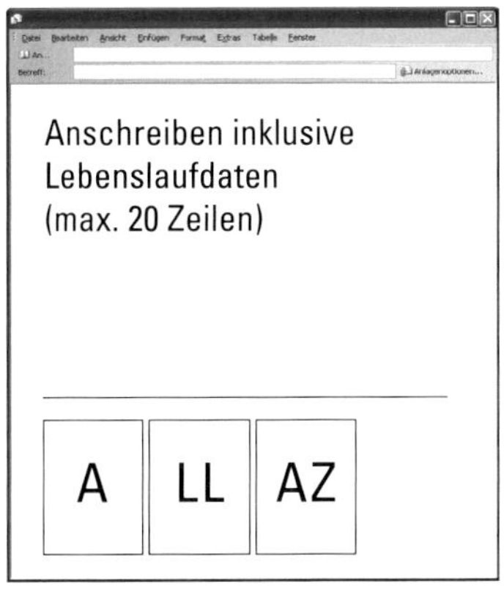

4. Variante

2. Variante – empfohlen für einfache Positionen
Mailtext (maximal sechs Absätze; insgesamt weniger als 20 Textzeilen): mit allen Punkten, die wir für ein »klassisches« Anschreiben empfehlen plus Dateianhang mit Lebenslauf und den aktuellsten Arbeits- und/oder Ausbildungszeugnissen (AZ). Für die Empfänger ist es einfacher, wenn Sie alles in eine Datei packen.

3. Variante – empfohlen für gehobenere Positionen ab etwa 35.000 Euro Jahresbruttoeinkommen
Mailtext (maximal drei Absätze; insgesamt weniger als sechs Textzeilen): kurz Bezug nehmen auf Ihre Bewerbung, ggf. das Telefonat, ggf. Bewerberhomepage; drei Kernkompetenzen nennen plus Dateianhang mit »klassischem« Anschreiben und Lebenslauf eventuell plus AZ, eventuell in einer Extradatei.

4. Variante – empfohlen für gehobene Positionen ab Jahresbruttoeinkommen über 45.000 Euro
Mailtext inklusive Lebenslaufdaten (maximal sechs Absätze; insgesamt weniger als 20 Text-

zeilen): inklusive der wichtigsten beruflichen Stationen plus Dateianhang mit eventuell zusätzlichem Anschreiben und/oder Lebenslauf eventuell plus AZ.

Form des Anschreibens

Über 70 Prozent der Personaler handhaben E-Mail-Bewerbungen wie klassische Bewerbungen. Interessante Unterlagen werden ausgedruckt und dem bereits vorliegenden Bewerbungsmappenstapel hinzugefügt. Nehmen Sie daher in der Mail selbst schon kurz Bezug auf Ihren beruflichen Werdegang. Das gibt dem Leser einen Überblick, ob sich ein Klick in die angehängte Datei bzw. ein Ausdrucken lohnt.

Beschränken Sie Ihre Kreativität auf den Inhalt, nicht auf die Gestaltung des Mailtextes. Nutzen Sie die klassischen Formatierungen – schwarz auf weiß, einzeilig. Mit anderen Textformatierungen (fett, kursiv, mit bunten Hintergründen) halten Sie sich besser zurück. Nicht selten ist das E-Mail-Programm des Empfängers so konfiguriert, dass es Ihre Nachrichten nicht in dem Format lesen kann, in dem Sie es abgesendet haben. Verwenden Sie also die einfachsten Standards und keine Spielereien!

Kontaktdaten/Signatur

Ihre Kontaktdaten platzieren Sie bei einer E-Mail am besten am Ende des Textes. Nur wenn sichergestellt ist, dass Ihre HTML-E-Mail auch korrekt empfangen bzw. decodiert werden kann, lohnt sich die Arbeit, am Ende des Textes Ihre eingescannte Unterschrift einzufügen. Während die eigene Signatur an dieser Stelle also eine interessante Option darstellt, ist sie im angefügten Anschreiben sowie im Lebenslauf ein ganz klares Muss. Das sieht sehr schön aus, ist persönlicher und kann auch in blauer Schrift formatiert werden – Stichwort: Königsblau.

Der Lebenslauf

Nach dem Anschreiben folgt Ihr Lebenslauf, den Sie in Form und Inhalt wie bei einer traditionellen klassischen Bewerbung erstellen und Ihrer E-Mail-Bewerbung anfügen. Da, wie Sie bereits wissen, die Anlagen gerne ausgedruckt werden, ist ein gut formatierter Lebenslauf besonders wichtig. Alternativ können Sie ihn auch als absolute Kurzversion direkt in die E-Mail schreiben. Dies erspart dem Leser bei der ersten Durchsicht einen zweiten Klick auf eine angehängte Datei und damit Zeit. Sie sollten aber den gut gestalteten Lebenslauf parat haben oder ihn gleich als PDF-Datei anhängen. Was es beim Erstellen und Gestalten eines Lebenslaufs zu beachten gilt, lesen Sie auf Seite 78 ff.

Das Foto

Scannen Sie Ihr Bewerbungsfoto ein bzw. lassen Sie sich hierbei von professioneller Seite helfen. Speichern Sie das eingescannte Bild in einem universell verbreiteten Bildformat ab und fügen Sie es in Ihren Lebenslauf ein. Beachten Sie hierbei, dass das Bild nicht zu viel Speicherplatz einnimmt und damit die Datenmenge Ihrer Bewerbung zu groß wird. Konkret empfehlen wir Ihnen das JPG-Format, das über unterschiedlichste Computersysteme hinweg akzeptiert wird. Alternativ, weil ebenfalls sehr gebräuchlich, können Sie auch ein PDF erstellen (siehe zum Foto auch Seite XX).

Die Zeugnisse

Nach dem Anschreiben und dem Lebenslauf folgen Ihre Zeugnisse. Wählen Sie nicht zu viele, sondern nur die für Sie wichtigsten Zeugnisse aus, scannen Sie diese in Schwarz-Weiß ein und fügen Sie sie dem zentralen Dokument am Ende an. Werden mehr als drei bis vier Zeugnisse angefügt, so empfiehlt sich ein Anlagenverzeichnis, das nach dem Lebenslauf einen Überblick zur Reihenfolge der nun aufgeführten Dokumente gibt.

Die Anlage

Beachten Sie bitte, dass beim Versand von Anlagen idealerweise nur ein zentrales Dokument versandt werden sollte. Dies vereinfacht das Abspeichern und Öffnen für den Empfänger und stellt auch sicher, dass keine Unterlagen vergessen werden. Die Datenmenge sollte nicht zu groß sein. Versehen Sie das Dokument mit einem aussagefähigen Namen, zum Beispiel bewerbung_anne_schulz_25102010. Eine Alternative für die Bezeichnung: Ihr Familienname, Vorname und der Hinweis auf Lebenslauf, Anschreiben oder Zeugnisse. Zum Beispiel ist »Mueller_Martin_Anschreiben« verständlicher als »AN.MM«. Achten Sie dann innerhalb des angefügten Dokuments auch auf die richtige Reihenfolge der Texte.

Dateiformate

Versenden Sie Ihre Mail im »Nur-Text«-Format. Damit gehen Sie garantiert kein Risiko ein.

Achten Sie auch bei Ihren Dateianhängen (Lebenslauf, Zeugnisse, Arbeitsproben etc.) auf das verwendete Format. Verzichten Sie grundsätzlich auf TIF-, GIF- und EPS- sowie PSD- und BMP-Dateien. Mit Word erzeugte DOC-Dateien sind zwar den meisten PC-Benutzern zugänglich, haben aber zwei Nachteile. Zum einen bleiben Layout und Formatierung bei der Datenübertragung häufig nicht erhalten, zum anderen sind diese Dateien sehr anfällig für sogenannte Makroviren. Garantiert virenfrei sind RTF-Dateien, die auch Formatierungen beibehalten. Wählen Sie dazu in Ihrer Textverarbeitung, zum Beispiel in Word, unter »Speichern unter« die Option ».rtf« aus.

Eine professionelle Alternative dazu bieten die sogenannten PDF-Dateien (Portable Document Format) der Softwarefirma Adobe. Adobe PDF ist ein Dateiformat, das alle Schriften, Formatierungen, Farben und Grafiken Ihres Dokuments erhält. Im Geschäftsleben gehört die Software zum Standard. Fotos und Dokumente lassen sich sehr gut im JPG-Format einscannen. Unser Ratschlag: Fügen Sie die digitalisierten Daten in Ihr Bewerbungsdokument ein und wandeln Sie dieses am Ende in ein PDF-Dokument um. Wenn Sie dieses Format verwenden, vermeiden Sie Probleme beim Öffnen der mehr oder minder großen Anhänge in unterschiedlichen Grafikprogrammen. Kostenfreie Programme zur Erzeugung von PDF-Dokumenten gibt es zum Beispiel unter http://freePDFxp.de.

Wollen Sie auf Nummer sicher gehen, so erfragen Sie telefonisch, was gewünscht wird.

Testlauf

Testen Sie, wie Ihre E-Mail ankommt. Richten Sie sich eine zweite E-Mail-Adresse ein und schicken Sie eine Testbewerbung an sich selbst. So können Sie prüfen, ob Ihre Mail vollständig und ordentlich formatiert ankommt.

Beachten Sie auch, dass manche kostenlosen E-Mail-Provider am Ende der Nachricht ungefragt Werbung platzieren. Dies können Sie ebenfalls mit einer Test-E-Mail erkennen und dann ggf. für Ihre Bewerbungsaktivitäten einen anderen Provider verwenden.

Datei Bearbeiten Ansicht Einfügen Format Extras Tabelle Fenster

An... a.sauter@reise.de

Betreff: Bewerbung als Reiseverkehrskauffrau

Sehr geehrte Frau Sauter,

ich bin frischgebackene **Reiseverkehrskauffrau** (22 Jahre alt) und habe davor als erste Ausbildung nach dem Abitur den Abschluss der internationalen Touristikassistentin gemacht. Ein mehrmonatiger ausbildungsbedingter Aufenthalt in Spanien hat meine Sprach- und Fachkenntnisse stark geprägt. Jetzt möchte ich beweisen, was ich kann ... geben Sie mir doch bitte diese Chance.
Auf eine Einladung freue ich mich und grüße Sie

Martina Flathow
Reiseverkehrskauffrau
Gerichtsallee 44
04103 Leipzig
Telefon 0341 5653041
Mobil 0170 9187951

Geboren am 14.04.1988 in Bad Sarow
2007 Abitur Werner-von-Siemens-Gymnasium Leipzig
2007-2009 Ausbildung zur Touristikassistentin
2010 Weiterbildung zur Reiseverkehrskauffrau
Englisch (sehr gut), Französisch (gut), Spanisch (gut)
Umgang mit MS Word, MS Excel, MS PowerPoint
und Anwendungsprogramm Sabre-Merlin
Team- und Führungsfähigkeit
Sport (Cheerleaderin/Teamcaptain/Marathonläuferin)

Unser Kommentar

Text: kurz und treffend – direkt in der E-Mail-Maske. In wenigen Zeilen wird hier beim Leser Interesse an der Bewerberin geweckt. Die persönliche Ansprache sorgt ebenfalls dafür, dass dieses Angebot wahrgenommen wird.

Absenderadresse: kommt, wie bei E-Mails üblich, ans Textende. In diesem Beispiel geht es aber noch mit einem Mini-Lebenslauf weiter. Eine sehr gute Idee! Er rundet das positive Bild einer interessanten Bewerberin ab.

Umfang: mehr muss nicht sein bei der ersten Kontaktaufnahme.

Keine weiteren Anlagen, die eingescannt und mitgeschickt werden müssen. Wichtig wäre jedoch vielleicht noch der Hinweis, dass man auf Wunsch gerne mehr Unterlagen vorlegt – entweder vorab oder bei der ersten persönlichen Begegnung.

Weitere Varianten für eine Kontaktaufnahme per Mail finden Sie auf der CD-ROM.

Die Nachfass-E-Mail

Sie haben alle Ratschläge beachtet, Ihre E-Mail abgeschickt und keine Antwort erhalten? Manchmal gehen Nachrichten verloren oder der Empfänger hat Ihre Bewerbung übersehen. In jedem Fall können Sie nach etwa 7 bis 10 Tagen Wartezeit eine Nachfass-E-Mail versenden. Formulieren Sie noch einmal in drei Zeilen Ihr Interesse an der Position und erkundigen Sie sich, ob alles gut angekommen ist, ob vielleicht noch bestimmte Unterlagen fehlen und wann denn mit einer Entscheidung zu rechnen ist. Eine solche Mail könnte zum Beispiel so lauten:

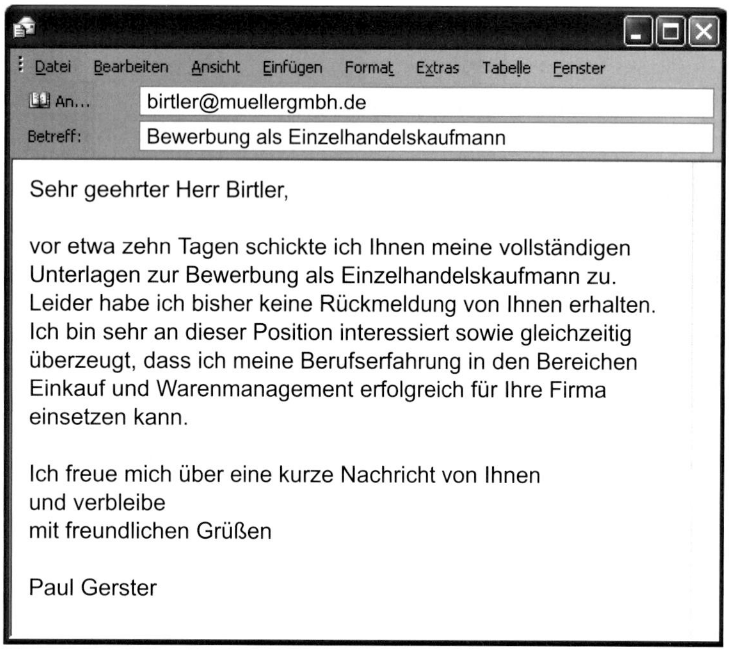
Datei Bearbeiten Ansicht Einfügen Format Extras Tabelle Fenster

An... birtler@muellergmbh.de

Betreff: Bewerbung als Einzelhandelskaufmann

Sehr geehrter Herr Birtler,

vor etwa zehn Tagen schickte ich Ihnen meine vollständigen Unterlagen zur Bewerbung als Einzelhandelskaufmann zu. Leider habe ich bisher keine Rückmeldung von Ihnen erhalten. Ich bin sehr an dieser Position interessiert sowie gleichzeitig überzeugt, dass ich meine Berufserfahrung in den Bereichen Einkauf und Warenmanagement erfolgreich für Ihre Firma einsetzen kann.

Ich freue mich über eine kurze Nachricht von Ihnen
und verbleibe
mit freundlichen Grüßen

Paul Gerster

PRAXISBEISPIEL

Mit einer kleinen Zusatzmail nach vorn katapultiert

Über drei Wochen nach Versand meiner Bewerbung hatte ich immer noch nichts gehört. Waren meine Bewerbungsunterlagen überhaupt eingetroffen? Hatte man sich vielleicht sofort gegen mich entschieden, nur vergessen es mir mitzuteilen? Ich überlegte, was besser ist: telefonieren oder schreiben? Dann entschied ich mich für eine etwas längere Mail. Vorab musste ich aber doch das Büro anrufen und mir die direkte Mailadresse des Entscheiders durchgeben lassen. Meine Mail enthielt eine Kurzzusammenfassung der Highlights, von denen ich annahm, sie könnten meinen Ansprechpartner interessieren. Vor allem aber: ***keinen Vorwurf*** *in Richtung: »Ich habe noch nichts von Ihnen gehört.« Als ob ich den richtigen Zauberspruch aufgesagt hätte, klingelt wenige Tage später das Telefon und ich werde freundlichst zum Vorstellungsgespräch eingeladen …*

ONLINE-BEWERBUNGSFORMULARE

Ein weiterer elektronischer Bewerbungsweg führt direkt auf die Homepage der Arbeitgeber. Insbesondere größere Firmen vertrauen zunehmend den Vorteilen einer digitalen, automatischen Kandidatenauswahl und bieten interessierten Bewerbern die Möglichkeit, ihr berufliches Profil direkt auf der Firmenhomepage einzugeben. Das fordert die Bewerber sowohl inhaltlich als auch technisch heraus. Sie werden bei Ihrer Jobsuche auf zwei verschiedene Arten von Online-Formularen stoßen:

1. Einfache Formulare stehen oft »pro forma« auf den Webites. Sie sollen dem interessierten Besucher und eventuellen Bewerber signalisieren, dem Unternehmen ginge es wirtschaftlich so gut, dass es offen für neue Mitarbeiter sei und potenziell expandieren wolle. Das bedeutet nicht, dass tatsächlich Jobs zu vergeben sind. Lassen Sie sich davon nicht verunsichern, sondern suchen Sie wie bei einer Initiativbewerbung Ihre Chance und präsentieren Sie sich möglichst optimal.
2. Komplexe Bewerbungsbögen sind hingegen speziell entwickelt worden und berücksichtigen personalstrategische Gesichtspunkte. Wenn Sie einen solchen Bogen ausfüllen, können Sie sicher sein, dass er auch bearbeitet wird. Ob das voll- oder teilautomatisch geschieht, bleibt offen. Je schneller Sie eine Absage bekommen, desto wahrscheinlicher ist ein automatisches, das heißt computer-

gestütztes Auswahlverfahren, das aufgrund eines oder mehrerer Datenabgleiche und Übereinstimmungen (z.B. Alter, Bildungsabschlüsse, Verweildauer an Arbeitsplätzen) entscheidet, ob Sie für das Unternehmen als potenzieller Mitarbeiter interessant sind oder nicht.

Das Online-Formular hilft Unternehmen, der Flut an Bewerbungen durch die gezielte Suche Herr zu werden. In ein- bis mehrseitigen Fragebögen werden Qualifikationen, Hobbys und berufliche Erfahrungen per Mausklick abgefragt. In Textfeldern haben Sie als Bewerber die Chance, sich persönlich zu Ihrer Motivation und zu anderen Themen zu äußern. Viele Unternehmen stellen der eigentlichen Bewerbung im Internet eine Registrierung mit oder ohne Passwort voran. Bewerber hinterlegen sozusagen ein Profil ihrer Person und können es mit dem Passwort jederzeit bearbeiten.

Übrigens: Bei Bewerbungsformularen von größeren Konzernen werden die Bewerbungen oftmals in einem Kandidatenpool gespeichert, auf den auch andere mit dem Konzern verbundene Firmen Zugriff haben. Dies steigert dann Ihre generellen Chancen, ein Angebot zu erhalten, selbst wenn es mit dem eigentlichen Traumjob bei der Wunschfirma nicht auf Anhieb klappt.

Tipps

- Bewerben Sie sich nur dann auf diesem Weg, wenn Sie den Eindruck haben, dass die Firma ernsthaft an Ihrer Bewerbung interessiert ist. Ein sicheres Zeichen dafür ist eine Annonce, die direkt mit einem Online-Formular verknüpft ist.
- Lassen Sie sich auf keinen Fall von der Fülle der Eingabeformulare abschrecken. Auch wenn die verlangten Informationen nahezu endlos erscheinen, so müssen Sie diese Fleißaufgabe absolvieren. Natürlich macht auch hierbei Übung den Meister und Sie werden sehen, dass Online-Formulare für Sie bald kein großes Hindernis mehr darstellen.
- Sie kennen das Phänomen: Es gibt verständliche Computerprogramme und leider auch unglaublich komplizierte Anwendungen. Dies gilt in gleicher Weise für Online-Formulare auf Firmenhomepages. Lesen Sie sich deshalb alle vorhandenen Hilfetexte und Erläuterungen genau durch. Gute Online-Formulare erklären spezielle Fachbegriffe und geben Beispiele, was unter bestimmten Abstufungen, z.B. guten Fremdsprachenkenntnissen, zu verstehen ist.

PRAXISBEISPIEL

Meine Online-Erfahrungen

Trotz der umständlichen Abläufe habe ich mich kürzlich auf der Homepage eines großen Unternehmens für die Stelle als Physiker beworben. Sorgfältig und mit viel Engagement gab ich ausführlich alle Angaben zu meiner Person, meinen beruflichen Kompetenzen und meinem Ausbildungshintergrund ein. Leider erhielt ich bereits kurze Zeit später eine standardisierte Absage. Ich war enttäuscht, denn ich fühlte mich wirklich sehr für die Stelle geeignet. Mit diesem Ergebnis wollte ich mich deshalb nicht abfinden und suchte nach möglichen Ansprechpartnern. Ich recherchierte auf der Firmenseite, in Business-Communities und Firmenveröffentlichungen. Am Ende hatte ich eine kleine Rangliste mit Namen von relevanten Personalern und Fachbereichsleitern, die ich für meinen neuen, telefonischen Anlauf verwenden wollte. Über die Homepage fand ich zwar nicht deren direkte Telefonnummern, jedoch allgemeine telefonische Ansprechpartner, denen ich kurz mein Profil vorstellte und dann meinen Gesprächswunsch mit Herrn XY begründete. Nicht immer hatte ich gleich Erfolg, jedoch habe ich irgendwie am Ende mein Ziel erreicht und erhielt die Chance, mich per Telefon sowie mit traditionellen schriftlichen Unterlagen zu präsentieren. Und ich hatte weiter Glück: Nur wenig später wurde ich zum Vorstellungsgespräch eingeladen und bekam nach einem zusätzlichen Assessment Center – trotz ursprünglicher Ablehnung bei den Online-Formularen – ein Jobangebot.

Hürden

Bei dieser Bewerbungsform wird inhaltlich kaum mehr als bei einer traditionellen Bewerbung verlangt. Wenn überhaupt, so liegt die Schwierigkeit in der technisch ungewohnten, ja teilweise umständlichen Dateneingabe. Beispielsweise gestaltet sich der Registrierungsprozess oftmals kompliziert und nimmt unerwartet viel Zeit in Anspruch. Bei manchen Firmen muss der Bewerber auch erst einmal warten, bis das notwendige Zugangspasswort per E-Mail zugeschickt wird. In den meisten Fällen ist das Akzeptieren einer Datenschutzerklärung eine notwendige Voraussetzung, um überhaupt zu den eigentlichen Bewerbungsformularen zu gelangen. Diese können übrigens direkt von der jeweiligen Firma installiert sein oder über einen Link zu einer Stellenbörse führen, die dann die Bewerberauswahl für die Firma übernimmt.

Tipp: Eines der größten Probleme scheint für viele Bewerber die lückenlose Darstellung ihres beruflichen Werdegangs, insbesondere dann, wenn es Zeiten der Arbeitslosigkeit gegeben hat. Hier gilt folgende Empfehlung: Schreiben Sie möglichst nie Worte wie: arbeitslos, Arbeit suchend o.Ä.

LERNTEST

9. Lerntest: Richtig oder falsch oder …

Welche Aussage ist richtig, welche falsch, welche kann man so nicht ohne Weiteres stehen lassen? Bitte kreuzen Sie **R** oder **F** oder ggf. auch **?** an.

a) Eine Onlineformular-Bewerbung gibt einem nur wenig Spielraum, seine Persönlichkeit angemessen zu vermitteln. **R**☐ **F**☐ **?**☐

b) Die Bedeutung des Internets für Stellensuche und Bewerbung ist nicht hoch genug einzuschätzen. **R**☐ **F**☐ **?**☐

c) Wenn man seine Ausbildungs- und Arbeitszeugnisse elektronisch verschickt, dann bitte jedes einzeln in einer eigenen PDF-Datei. **R**☐ **F**☐ **?**☐

Die richtige Lösung finden Sie auf Seite 136.

Lösung 8. Lerntest: Lösung: d (eingeschränkt auch Antwort c)

Es könnte sein, dass das Computerprogramm Sie daraufhin ganz schnell »aussortiert«. Wir empfehlen eher eine Formulierung in Richtung: Projekt Familienhilfe/Engagement, außerberufliche Fortbildung, Pflegezeit o. Ä. Sind Sie erst einmal zu einem Vorstellungsgespräch eingeladen, lassen sich diese Zeiten ganz anders vermitteln.

Warum muss man Bewerberformulare überhaupt nutzen?

Besonders die großen Konzerne drängen geradezu auf die Nutzung der aufwendig installierten Bewerberformulare oder bieten überhaupt keine andere Bewerbungsmöglichkeit mehr an. Als Gründe für diese automatisierten Prozesse werden Zeit-, Kosten- und Platzersparnis genannt.

Natürlich ist es empfehlenswert, sich an diesen Richtlinien zu orientieren. Gleichzeitig haben standardisierte Auswahlverfahren stets den Nachteil, dass die Individualität des Bewerbers eher unter den Tisch fällt. Versuchen Sie deshalb im Anschreiben, im angefügten Lebenslauf sowie den freien Textfeldern Ihr Profil möglichst eigenständig zu präsentieren. Außerdem empfehlen wir Ihnen, weitere Kontakte zur Firma zu suchen; also möglichst auch Ansprechpartner für eine direkte Bewerbung zu finden. Hierzu sollten Sie nicht nur die Business-Communities im Internet nutzen, sondern sich auch im realen Leben, auf Firmen- und Branchenmessen, persönlich vorstellen. Eine weitere Chance ist nach wie vor der direkte Kontakt per Telefon. Grundlage ist auch hier ein klares Kommunikationsziel, z. B. die verbal überzeugende Vorstellung als neuer Vertriebsmitarbeiter, der sich ausführlich mit der Firmenhomepage, dem Unternehmen und Branchenumfeld beschäftigt hat und im Rahmen seiner Bewerbung beispielsweise eine neue Idee für ein Großkundenprojekt präsentieren möchte.

Worauf Sie bei Online-Formularen achten müssen

Abfragefeld	Bemerkung	Tipps und Tricks
E-Mail-Adresse	Bitte achten Sie auf die korrekte Schreibweise Ihrer E-Mail-Adresse.	Eine seriöse E-Mail-Adresse hinterlässt einen besseren Eindruck als »schnucki24@flirtfever.de«. Kostenlose, seriöse E-Mail-Adressen bekommen Sie z. B. bei: www.google.de, www.web.de, www.gmx.de, www.live.com.
Passwort	Bitte wählen Sie ein sicheres Passwort mit mindestens 8 Zeichen. Darunter sollten mindestens 2 Sonderzeichen vertreten sein.	Benutzen Sie ein spezifisches Passwort für den Bewerbungsvorgang wie z. B. Bewerbungen$MaxMU67§. So verhindern Sie, dass Ihr Gegenüber ein Passwort erhält, das ihm evtl. den Zugang zu Ihrem E-Mail-Account ermöglicht.
Telefon mit Vorwahl Handy E-Mail	Sie entscheiden wohlüberlegt über welches Medium die Kontaktaufnahme erfolgen soll.	Bitte niemals Ihre Büro-/Geschäftsadresse bzw. -Telefonverbindung angeben!
Warum bewerben Sie sich?	Nicht offen lassen, aber auch keinen »Blödsinn« schreiben – z. B. auch nicht, dass Sie noch etwas lernen wollen …	Das Zauberwort: intrinsische Motivation. Sie wollen es sich und anderen beweisen, suchen neue Herausforderungen etc.

Abfragefeld	Bemerkung	Tipps und Tricks
Für welche Aufgabenbereiche bewerben Sie sich?	Je nach Ausgangslage: sehr präzise benennen oder eher relativ offen, jedoch nicht beliebig beantworten.	Unbedingt vorab über diese wichtige Frage nachdenken, ggf. einen Bereich benennen und gleichzeitig Offenheit für andere Aufgaben signalisieren.
Welche Position/ Verantwortung streben Sie an?	Ggf. ist das vorher schon klar, wenn nicht: Haben Sie keine Angst, sich zu positionieren! Bereitschaftzur Verantwortungsübernahme signalisieren.	Sie sollten nicht gleich den Chefsessel anstreben. Jedoch: Ehrgeiz in Maßen, insbesondere wachsende Verantwortungsübernahme ist ein positives Zeichen!
Ihr gewünschter Einsatzort	Oftmals bereits klar vorgegeben, Vorsicht bei Fantasievorschlägen!	Verdeutlichen Sie zunächst, möglichst ortsungebunden zu sein,ansonsten ist Ihre zweite Präferenz ein Ort Ihrer Wahl. Wichtig ist zunächst nicht, wo Sie arbeiten wollen, sondern dass Sie eingeladen werden!
Ihr frühester Eintrittstermin	Nicht zu schnell zur Verfügung stehen, das ist kontraproduktiv. Aber auch nicht später als in 6 Monaten, wobei das schon ein sehr langer Wartezeitraum wäre ...	Signalisieren Sie, dass man über das Eintrittsdatum mit Ihnen verhandeln kann. Sie sind doch flexibel!
Ausbildung als Weitere Ausbildungen Ausbildungsabschluss Weitere Ausbildungsabschlüsse	Fangen Sie nicht bei Adam und Eva an, also: Vor 30 Jahren lernte ich ... Der letzte Job wird hoffentlich bei Ihnen auch der wichtigste sein. Und dann chronologisch rückwärts.	Hier setzen Sie Prioritäten und vermitteln, dass Sie wissen, was wirklich zählt, worauf es in dem möglichen Job ankommt!
Berufliche Fortbildungen	Chronologisch rückwärts auflisten, evtl. nur über die letzten 5 Jahre.	Denken Sie auch an Messen und Fachtagungen, berufl. Interessengruppierungen, denen Sie angehören bzw. an denen Sie teilgenommen haben (Austausch), Fachliteratur etc.
Berufliche Tätigkeit aktuell Aufgabenschwerpunkt Ergebnisse	Insbesondere der letzte u. der vorletzte Job mit Ihren Aufgaben und Verantwortungen sind hier wichtig.	Unbedingt vorab über diese wichtigen Fragen nachdenken und Material sammeln. Hier werden Weichen gestellt. Jeder dieser 3 Punkte muss ganz sorgfältig beantwortet werden. Also vorab in Ruhe, nicht spontan!
Warum wollen Sie Ihre Tätigkeit wechseln/ Ihr Unternehmen verlassen?	Wichtig: präsentable Begründung, nicht klagen oder aus dem Nähkästchen plaudern. Und bloß keine Verzweiflung durchblicken lassen!	Weiterkommen, Ambitionen haben, Ehrgeiz in Maßen – das sind immer die richtigen Stichworte!
Arbeitszeugnis vorhanden	Prinzipiell immer Ja – selbst dann, wenn Sie momentan noch keines haben!	Vorhandene Arbeitszeugnisse checken lassen u. gelegentlich um ein Zwischenzeugnis bitten (etwa alle 2–3 Jahre).
Besondere Kenntnisse	Wunderbare Chance, Zusatzqualifikationen darzustellen.	Wer hier etwas anzubieten hat, kann Punkte sammeln! Dabei sollten Sie weder über- noch untertreiben!
Sprachen EDV	Unbedingt angeben! Nicht mit den Kenntnissen prahlen/übertreiben, aber auch nicht zu selbstkritisch sein!	Unbedingt ausfüllen und Punkte sammeln! Z. B. bei »Englisch« »verhandlungssicher« oder »Französisch« »Zweitmuttersprache«, wenn Sie bilingual aufgewachsen sind.
Führerschein Sonstige relevante Kenntnisse	Alle Klassen sind wichtig. Es reichen die Oberklassen, also bei BE nicht auch noch B, M, L angeben. C1E, B, A wäre z. B. genau auf den Punkt gebracht. Denken Sie an die sonstigen Kenntnisse, die Sie beruflich einsetzen könnten.	Führerschein/Auto stehen für Ihr Selbst und lassen Rückschlüsse auf Ihren Wesenskern zu (insbesondere bei jüngeren männlichen Bewerbern)!
Ehrenamtliches Engagement Hobbys	Alles kann für Sie und Ihre Wesensart sprechen.	Hier geht es um Ihre Persönlichkeit, die Sie gut darstellen sollten, um Sympathiepunkte zu sammeln.
Weitere Bemerkungen/ Mitteilungen	Bringen Sie hier unbedingt (ggf. nochmals, dann in anderen Worten) Ihre Botschaften rüber!	Es ist lohnenswert, sich vorab Gedanken zu machen und das Kommunikationsziel, die daraus abgeleiteten Botschaften und – für eine persönliche Begegnung – Ihre Argumente zu formulieren!

Beispiel für ein Online-Formular

Persönliche Daten

Anrede | Titel
Familienname | Vorname
Geburtsdatum 1 ▼ 1 ▼ 1980 ▼ | Geburtsort
Geburtsland ▼ | Staatsangehörigkeit ▼

Anschrift Straße
Anschrift PLZ | Anschrift Ort
Telefon mit Vorwahl | Handy
E-Mail

Warum bewerben Sie sich?

Nicht ganz einfach! Bitte nicht: »Sie suchen doch …« Schreiben Sie besser von »einer neuen Herausforderung«, »einen wichtigen Beitrag leisten zu wollen« etc.

Für welche Aufgabenbereiche bewerben Sie sich? ▼
Welche Position/Verantwortung streben Sie an? ▼
Ihr gewünschter Einsatzort
Ihr frühester Einsatztermin 1 ▼ 1 ▼ 2010 ▼

Ausbildung als
Weitere Ausbildungen

Ausbildungsabschluss
Weitere Ausbildungsabschlüsse

Hier könnten Sie u. a. auch kleine Fortbildungskurse aufführen wie »Reklamationsbeauftragter«, »Prüfer fur …«, »Ausbilderlizenz«, »Haarstylist fur XY-Produkte« etc.

Berufliche Fortbildung

Jeder Messebesuch, Kollegenaustausch (Stammtisch), jedes Fachmagazin findet hier Platz, wenn Sie nichts Besseres zu berichten haben.

Schulabschluss ▼

Weiterführende Bildungsabschlüsse ▼

Berufliche Tätigkeit aktuell

Ganz wichtig: Überlegen Sie sich hier unbedingt etwas Ordentliches.

Aufgabenschwerpunkt

Aber vorher genau überlegen …

Ergebnisse

Formulieren Sie ausführlich und nicht zu knapp!

Warum wollen Sie Ihre Tätigkeit wechseln/Ihr Unternehmen verlassen?

Unbedingt ausfüllen und gut argumentieren! Aber bitte nicht so: »Der Chef kann mich nicht leiden und ich verstehe mich nicht mit den Kollegen …«

Arbeitszeugnis vorhanden ○

Frühere berufliche Tätigkeiten

Ihre Selbstdarstellung: Kompetenzen, Geleistetes, berufliche und persönliche Weiterentwicklung.

Aufgabenschwerpunkt

Ergebnisse

Wechselmotiv

Arbeitszeugnis vorhanden Ja ▼

(evtl. mehrmals auszufüllen, je nach Anzahl früherer Arbeitsverhältnisse)

Besondere Kenntnisse

Wenn schon nicht alle Felder ausgefüllt sind, dann doch aber die meisten. Mit etwas Überlegung (und Fantasie) dürfte das fur Sie auch gar nicht so schwer sein ...

Sprachen

Z.B. bei Sprachen: wenigstens Schul-Englisch!

EDV

Seien Sie nicht zu selbstkritisch! Das hier ist dafür nicht der richtige Ort ...

Führerschein A ▼

Sonstige relevante Kenntnisse

Sie sollen/wollen eingeladen werden, und die Texte liest zunächst ja nur der Computer! Gefühlsneutral!

Ehrenamtliches Engagement

Erwähnenswert sind das Engagement für Ihre alte Nachbarin, die Mithilfe in einem Verein (Sport, Musik etc.), auch wenn Sie nicht reguläres Mitglied sind. Nachdenken hilft!

Hobbys

Ja nicht auslassen oder »keine« hinschreiben. Sport, Musik, Gartenarbeit, wenn Ihnen nichts Besseres einfallen sollte.

Weitere Bemerkungen/Mitteilungen

Das ist Ihre große Chance! Pardon: Nur Dumme haben nichts mitzuteilen! Natürlich haben Sie noch die eine oder andere wichtige Botschaft. Und wenn Ihnen gerade überhaupt nichts einfallen will, dann: »Meine Kollegen schätzen an mir ...«, »Mein Vorgesetzter lobte mich neulich für ...«, »Unsere Kunden wissen, in mir haben sie eine/n ...«

LERNTEST

10. Lerntest: Bringen Sie die folgenden Antworten in die richtige Reihenfolge! Das Allerwichtigste zuerst …

Was ist bei Online-Bewerbungen insbesondere zu berücksichtigen?

a) der Austausch mit anderen Bewerbern
b) die Suche auf virtuellen Arbeitsmärkten
c) die Suche nach den Stellenangeboten der Zeitungen
d) die Suche nach Informationen über Arbeitgeber
e) die Suche nach Stellenangeboten auf den Seiten der Firmen
f) die elektronische Kontaktaufnahme

Die richtige Lösung finden Sie auf Seite 137.

Lösung 9. Lerntest:

a) R, Erklärung: Stimmt, aber gerade deshalb muss man sich besonders bemühen!
b) R, Erklärung: Keine Frage!
c) F, Erklärung: Nein, jedes Zeugnis als Einzeldokument wäre für den Empfänger eine Zumutung!

Testen Sie Ihr Wissen! Auf der CD-ROM finden Sie weitere Lerntests.

Variationen

Manche Unternehmen bieten ihren Bewerbern an, das Formular Stück für Stück zu bearbeiten, indem sie eine Zwischenspeicherfunktion eingebaut haben, bei anderen Firmen muss der Bewerber das Formular in einem Zug bis zum Ende ausfüllen, weil bereits eingegebene Daten nach einer Unterbrechung ungültig werden. Andere, vorzugsweise die großen Unternehmen, haben bisweilen einen eigenen Bewerbungsassistenten, der beispielsweise die Vorschau auf das Formular ermöglicht und Schritt für Schritt die Bearbeitung erklärt. Dort finden sich meistens auch Begründungen, weswegen das Unternehmen eine Online-Bewerbung bevorzugt.

Praktisch ist es, wenn man am Ende nochmals die Möglichkeit hat, sämtliche Eingaben im Überblick gegenzulesen. Eine weitere sinnvolle Option ist die Chance, zu einem späteren Zeitpunkt bestimmte Aspekte im Lebenslauf zu verändern bzw. zu aktualisieren. Gerade wenn man beabsichtigt, ein Profil für längere Zeit bei einer Firma zu hinterlegen, können so zusätzliche Lehrgänge oder Projekterfahrungen einfach und unkompliziert ergänzt werden.

Leider spielen die Firmen bei der Kandidatenauswahl nicht mit offenen Karten, weshalb die Filter- bzw. Rasterkriterien zur automatischen Bewerbereinstufung stets Firmengeheimnis bleiben. Hier kann man lediglich spekulieren; z.B. wenn besonders häufig Fragen zum Thema Teamfähigkeit oder zu bestimmten fachlichen Kenntnissen gestellt werden.

Wichtig für Sie: Lassen Sie sich nicht irritieren, sondern versuchen Sie, die Eingabefelder möglichst präzise auszufüllen und prägnante, aussagefähige Informationen zum eigenen Profil einzugeben.

Die optimale Form

Vergessen Sie auf keinen Fall vor dem endgültigen Versand Ihrer Texte eine Rechtschreibprüfung durchzuführen. Kopieren Sie Ihre Formulierungen einfach in ein entsprechendes Textprogramm und starten Sie die automatische Prüfung. Des Weiteren sollten Sie beim Versand von Anhängen stets die vorgegebenen technischen Parameter beachten. Hierzu gehören: Anzahl der Dokumente, Größe der Dateien sowie vorgeschriebene Formate. Speichern Sie auch alle wichtigen Texte sowie die verschickten Dokumente für sich selbst ab. Dies gibt Ihnen die Möglichkeit, die gemachten Angaben vor einem Vorstellungsgespräch nochmals durchzugehen und sich einzuprägen.

Testlauf

Wir raten Ihnen beim Ausfüllen eines Online-Formulars unbedingt zu einer Art Probedurchlauf. Wenn Sie wirklich auf Nummer sicher gehen wollen, so spricht nichts dagegen, mit fiktiven Angaben die Online-Formulare zunächst einmal einzusehen, um dann beim erneuten Versuch mit korrekt ausgefüllten Feldern Ihre Bewerbung auf den Weg zu geben.

Die Grenzen des Verfahrens

Leider kann dieses automatisierte Auswahlverfahren auch trotz bester Vorbereitung und Durchführung sehr ungerecht sein. Manche Firmen verwenden als Auswahlkriterium die Durchschnittsstudiendauer oder ein bestimmtes Alter des Bewerbers. Haben Sie beispielsweise BWL oder Maschinenbau studiert und wegen verschiedener Praktika und Auslandsaufenthalte 14 anstatt nur 9 Semester gebraucht, oder sind Sie nach Studienabschluss bereits 29 Jahre alt, dann sortiert das standardisierte Computerauswahlprogramm Sie womöglich sofort aus. Postwendend werden Sie per E-Mail informiert, dass man Ihnen leider kein passendes Angebot machen kann. Wenn Sie eine ungerechte Behandlung dieser Art vermuten und Sie trotzdem an dem ausgeschriebenen Job interessiert sind, so hilft nur eins: Versuchen Sie, sich auf herkömmlichen Bewerbungswegen vorzustellen. Wenn Sie zum Beispiel keinen lückenlosen Lebenslauf haben, aber über handfestes Know-how in der entsprechenden Branche verfügen, wählen Sie besser die klassische Variante per Post. So haben Sie mehr Möglichkeiten, Ihre Fähigkeiten kreativ zu präsentieren und Lücken zu überdecken.

Welche Erfahrungen Bewerber bei der Kontaktaufnahme zu bekannten Unternehmen im Netz gemacht haben und wie sie die einzelnen Onlineformulare bewerten, finden Sie auf der CD-ROM.

Resümee

Man kann sich des Eindrucks kaum erwehren: Die von vielen Unternehmen vorgeschaltete Online-formulargesteuerte Personalauslese wirkt eher »vermeidend«, ja man könnte meinen sie soll hauptsächlich Bewerbungskandidaten abschrecken, entmutigen, aussortieren. So zumindest eine Sicht auf die aktuell praktizierten Auswahlverfahren. Natürlich stellt es ein Problem dar, wenn sich bei namhaften Unternehmen täglich bis zu 1000 Bewerber initiativ bewerben. Wie soll man damit als Personaler klarkommen?

Andererseits: Uns sind zahlreiche Fälle bekannt, in denen sich hochqualifizierte Bewerber der Tortur dieses Kontaktsystems unterzogen haben, um wenige Stunden, bisweilen auch erst nach ein, zwei Tagen eine freundliche Nein-Danke-Absage zu erhalten. Ein Teil dieser Bewerber hat es dann auf anderen Wegen versucht und tatsächlich auch geschafft, sich vorzustellen, zu überzeugen und arbeitet heute für ein solches Unternehmen, das zuvor per Computer kein Interesse gezeigt hatte.

Andere Kandidaten entschieden sich für einen Arbeitsplatz, den sie nicht durch Online-Formularsysteme erobern mussten.

Das ganze System erinnert an die ersten Tage der Call-Center, wo Firmen sich Erleichterung verschaffen wollten und Nachfragen ihrer Kunden auf andere Organisationen abwälzten. Sehr schnell wurde aber dann auch bemerkt, dass schlecht ausgebildete, kaum funktionierende Call-Center-Agenten viel Schaden bei der Kundschaft anrichten können.

So ist dann auch die heute praktizierte Online-Formular-gesteuerte Bewerberauswahl sicher nur ein vorübergehendes Phänomen oder Tool, wie die personalaffinen IT-Spezialisten es gerne nennen. Würden sich einige Spitzenkräfte solcher Unternehmen einmal selbst der Mühe unterziehen, sich heute bei ihrem eigenen Unternehmen in der Rolle eines potenziellen Mitarbeiters zu bewerben, würde sich ganz schnell etwas ändern und die aktuell verantwortlichen Personaler und ITler hätten möglicherweise ein paar schlaflose Nächte, weil sie in der Rechtfertigung der jetzigen groben Auswahlsituation kaum eine gute Figur abgeben.

Lösung 10. Lerntest: b, c, d, e, f, a

Was Sie noch wissen sollten

Das Autorenteam Hesse/Schrader ist seit über 25 Jahren auf dem Sektor der Bewerbungsratgeber sowie zu weiteren Themen aus der Arbeitswelt publizistisch tätig und hat im Laufe dieser Zeit mehr als 120 Bücher veröffentlicht. Viele davon liegen auch als Taschenbuchausgabe vor. Am Anfang stand die erstmalige Veröffentlichung aller gängigen sogenannten Intelligenztests und deren kritische Reflexion in dem Buch Testtraining für Ausbildungsplatzsucher (1985) – allein dies inzwischen mit einer Gesamtauflage von knapp einer Million Exemplaren. Ebenfalls Neuland zum Bereich »Überleben in der Arbeitswelt« erschloss ihr Buch Die Neurosen der Chefs – die seelischen Kosten der Karriere. Besonders interessant für die Bewerbung sind die Bücher in DIN-A4-Format, z. B. Die perfekte Bewerbungsmappe. Sie zeigen Musterbewerbungen im Originalformat.

Beide Autoren verfügen über eine langjährige Erfahrung als Seminarleiter bei Test- und Bewerbungstrainings. Ein besonderes Interesse gilt der gewerkschaftlichen Bildungsarbeit in Form von Anti-Mobbing- und Konfliktmanagement-Seminaren. 1992 gründeten sie in Berlin das Büro für Berufsstrategie, das ausschließlich Arbeitnehmer in allen erdenklichen beruflichen Fragen berät und unterstützt.